CHEMIE FÜR KINDER VERSTÄNDLICH ERKLÄRT

ENTDECKE DIE WELT DER MOLEKÜLE: CHEMIE FÜR KINDER LEICHT GEMACHT – MIT ANSCHAULICHEN BEISPIELEN

Ethan Clarke

INHALTSVERZEICHNIS

Die Grundlagen der Chemie..5
    Was ist Chemie? 5
    Die Bausteine der Materie 7
    Die Eigenschaften von Stoffen......................................10
    Die verschiedenen Zustände der Materie 12

Die Elemente und das Periodensystem.............................15
    Die Entdeckung der Elemente 15
    Das Periodensystem der Elemente 17
    Die Eigenschaften der Elemente....................................20
    Die Bedeutung der Elemente in unserem Alltag 22

Die chemischen Reaktionen 26
    Was sind chemische Reaktionen?..................................26
    Die verschiedenen Arten von chemischen Reaktionen ...28
    Die Reaktionsgeschwindigkeit 30
    Die Energie in chemischen Reaktionen.........................32
    Die Bedeutung von chemischen Reaktionen in der Natur..............35
    Die Bedeutung von chemischen Reaktionen in der Technik..........37

Die Säuren und Basen 40
    Was sind Säuren und Basen?..40
    Die Eigenschaften von Säuren und Basen.....................42
    Die Reaktionen von Säuren und Basen 45
    Die Bedeutung von Säuren und Basen im Alltag............47

Die Atome und Moleküle 50
    Die Bausteine der Materie 50
    Die Bildung von Molekülen 52
    Die Eigenschaften von Molekülen 54

Die Bedeutung von Atomen und Molekülen in der Chemie 57

Die Lösungen und Gemische...60
  Was sind Lösungen und Gemische?................................60
  Die Arten von Lösungen und Gemischen........................62
  Die Trennung von Lösungen und Gemischen 64
  Die Bedeutung von Lösungen und Gemischen in unserem Alltag..66

Die organische Chemie...69
  Was ist organische Chemie?...69
  Die Kohlenstoffverbindungen 71
  Die Eigenschaften organischer Verbindungen 72
  Die Bedeutung organischer Verbindungen in der Natur und Technik
 75

Die Chemie im Alltag...78
  Die Chemie in der Küche 78
  Die Chemie im Haushalt..81
  Die Chemie in der Natur..83

DIE GRUNDLAGEN DER CHEMIE

WAS IST CHEMIE?

Chemie ist eine spannende Wissenschaft, die sich mit den Eigenschaften, der Zusammensetzung und den Veränderungen von Stoffen beschäftigt. Sie ist überall um uns herum und spielt eine wichtige Rolle in unserem täglichen Leben. In diesem Kapitel werden wir uns genauer mit den Grundlagen der Chemie befassen und herausfinden, was Chemie eigentlich ist.

DIE DEFINITION VON CHEMIE

Chemie ist die Wissenschaft, die sich mit den Stoffen, ihrer Struktur, ihren Eigenschaften und den Veränderungen, die sie durchlaufen, beschäftigt. Sie untersucht, wie Stoffe miteinander reagieren und wie sie sich in verschiedenen Umgebungen verhalten. Chemie ist eine sehr vielseitige Wissenschaft und hat viele Anwendungen in verschiedenen Bereichen wie Medizin, Umwelt, Technik und vielen anderen.

DIE GESCHICHTE DER CHEMIE

Die Geschichte der Chemie reicht weit zurück. Schon in der Antike beschäftigten sich die Menschen mit der Umwandlung von Stoffen. Ein berühmter griechischer Philosoph namens Demokrit glaubte, dass die Materie aus winzigen, unteilbaren Teilchen besteht, die er "Atome" nannte. Diese Idee war ein wichtiger Schritt in Richtung des Verständnisses der Grundbausteine der Materie.

Im Laufe der Jahrhunderte haben viele Wissenschaftler und Forscher zur Entwicklung der Chemie beigetragen. Ein bedeutender Meilenstein war die Entdeckung des Periodensystems der Elemente durch den russischen Chemiker Dmitri Mendelejew im Jahr 1869. Das Periodensystem ist eine Tabelle, die alle bekannten Elemente enthält und sie nach ihren Eigenschaften und ihrer Anordnung geordnet darstellt.

DIE BEDEUTUNG DER CHEMIE

Chemie ist eine Schlüsselwissenschaft, die unser Verständnis von der Welt um uns herum erweitert. Sie ermöglicht es uns, neue Materialien zu entwickeln, Medikamente herzustellen, Umweltprobleme zu lösen und vieles mehr. Ohne Chemie wären viele technologische Fortschritte und medizinische Entwicklungen nicht möglich.

Chemie ist auch wichtig, um die Natur und die Umwelt zu verstehen. Sie hilft uns, die Zusammensetzung von Stoffen in der Luft, im Wasser und im Boden zu analysieren und Umweltverschmutzung zu bekämpfen. Darüber hinaus spielt Chemie eine entscheidende Rolle in der Lebensmittelindustrie, um sicherzustellen, dass unsere Nahrungsmittel sicher und gesund sind.

DIE ARBEITSWEISE DER CHEMIE

Die Chemie arbeitet auf der Grundlage von Experimenten und Beobachtungen. Chemikerinnen und Chemiker führen Experimente durch, um die Eigenschaften von Stoffen zu untersuchen und chemische Reaktionen zu verstehen. Sie verwenden verschiedene Instrumente und Techniken, um Stoffe zu analysieren und zu manipulieren.

Ein wichtiger Aspekt der chemischen Forschung ist die Sicherheit. Chemikerinnen und Chemiker arbeiten mit gefährlichen Stoffen und müssen daher strenge Sicherheitsvorkehrungen treffen, um Unfälle zu vermeiden. Sie tragen Schutzkleidung wie Laborkittel, Handschuhe und Schutzbrillen, um sich vor möglichen Gefahren zu schützen.

DIE ANWENDUNGSBEREICHE DER CHEMIE

Die Chemie hat viele Anwendungsbereiche, die unser tägliches Leben beeinflussen. In der Küche verwenden wir chemische Reaktionen, um Lebensmittel zuzubereiten. Im Haushalt nutzen wir chemische Produkte wie Reinigungsmittel und Waschmittel, um unsere Umgebung sauber zu halten. In der Medizin werden chemische Verbindungen zur Herstellung von Medikamenten verwendet, um Krankheiten zu behandeln und zu heilen.

Auch in der Natur spielt Chemie eine wichtige Rolle. Pflanzen verwenden chemische Prozesse, um Nährstoffe aufzunehmen und zu wachsen. Tiere produzieren chemische Substanzen, um sich zu verteidigen oder zu kommunizieren. Sogar das Wetter und die Atmosphäre werden durch chemische Reaktionen beeinflusst.

DIE ZUKUNFT DER CHEMIE

Die Chemie wird auch in Zukunft eine wichtige Rolle spielen. Sie wird uns helfen, neue Materialien zu entwickeln, erneuerbare Energien zu erforschen und Umweltprobleme zu lösen. Die chemische Forschung wird dazu beitragen, dass wir eine nachhaltigere und umweltfreundlichere Zukunft erreichen.

In diesem Buch werden wir die Grundlagen der Chemie erkunden und die faszinierende Welt der Stoffe und ihrer Eigenschaften entdecken. Wir werden lernen, wie chemische Reaktionen ablaufen und wie sie unser tägliches Leben beeinflussen. Also lasst uns gemeinsam in die Welt der Chemie eintauchen und sie besser verstehen!

DIE BAUSTEINE DER MATERIE

In der Chemie geht es darum, die Welt um uns herum zu verstehen. Aber um das zu tun, müssen wir zuerst die Bausteine der Materie kennenlernen. Alles, was wir sehen, anfassen und riechen können, besteht aus winzigen Teilchen, die wir Atome nennen.

ATOME - DIE KLEINSTEN BAUSTEINE

Atome sind die kleinsten Bausteine der Materie. Sie sind so winzig, dass man sie nicht mit bloßem Auge sehen kann. Jedes Atom besteht aus einem Kern, der positiv geladen ist, und Elektronen, die den Kern umkreisen. Der Kern besteht aus Protonen, die positiv geladen sind, und Neutronen, die keine Ladung haben.

Es gibt verschiedene Arten von Atomen, die als Elemente bezeichnet werden. Jedes Element hat eine einzigartige Anzahl von Protonen in seinem Kern. Zum Beispiel hat Wasserstoff das einfachste Atom mit nur einem Proton, während Sauerstoff acht Protonen in seinem Kern hat.

DIE ELEMENTE UND DAS PERIODENSYSTEM

Es gibt insgesamt 118 verschiedene Elemente, die in der Natur vorkommen. Diese Elemente sind im Periodensystem der Elemente organisiert. Das Periodensystem ist wie eine Karte, die uns hilft, die Elemente zu verstehen und zu ordnen.

Im Periodensystem sind die Elemente in Reihen und Spalten angeordnet. Jede Reihe wird als Periode bezeichnet und jede Spalte als Gruppe. Die Elemente in derselben Gruppe haben ähnliche Eigenschaften. Zum Beispiel sind die Elemente in der ersten Gruppe sehr reaktiv, während die Elemente in der letzten Gruppe stabiler sind.

MOLEKÜLE - WENN ATOME SICH VERBINDEN

Wenn Atome miteinander reagieren, können sie sich zu Molekülen verbinden. Moleküle sind Gruppen von Atomen, die zusammenhalten. Zum Beispiel besteht Wasser aus zwei Wasserstoffatomen und einem Sauerstoffatom, die zu einem Wassermolekül verbunden sind.

Die Art und Weise, wie Atome miteinander reagieren und sich verbinden, hängt von ihren Eigenschaften ab. Einige Atome haben eine positive Ladung, andere eine negative Ladung. Diese Ladungen ziehen sich an und lassen die Atome zusammenhalten.

DIE EIGENSCHAFTEN VON MOLEKÜLEN

Moleküle haben verschiedene Eigenschaften, die ihnen helfen, sich von anderen Molekülen zu unterscheiden. Eine wichtige Eigenschaft ist die Form eines Moleküls. Die Form eines Moleküls bestimmt, wie es sich verhält und wie es mit anderen Molekülen interagiert.

Ein weiterer wichtiger Aspekt ist die Polarität eines Moleküls. Ein Molekül kann polar oder unpolar sein, abhängig von der Verteilung der Ladungen innerhalb des Moleküls. Polare Moleküle haben eine positive und eine negative Seite, während unpolare Moleküle keine Ladungen haben.

Die Eigenschaften von Molekülen bestimmen, wie sie sich in verschiedenen Situationen verhalten. Zum Beispiel sind polare Moleküle in der Lage, sich in Wasser zu lösen, während unpolare Moleküle nicht in Wasser löslich sind.

DIE BEDEUTUNG VON ATOMEN UND MOLEKÜLEN IN DER CHEMIE

Atome und Moleküle sind die Grundbausteine der Chemie. Indem wir verstehen, wie Atome miteinander reagieren und sich zu Molekülen verbinden, können wir die Eigenschaften und Verhalten von Stoffen besser verstehen.

Die Chemie hilft uns auch, neue Materialien zu entwickeln und bestehende Materialien zu verbessern. Zum Beispiel haben Chemiker Kunststoffe entwickelt, die leicht und haltbar sind und in vielen Bereichen verwendet werden, wie in der Verpackungsindustrie und im Bauwesen.

Die Kenntnis von Atomen und Molekülen ermöglicht es uns auch, Medikamente zu entwickeln, die Krankheiten bekämpfen und unser Wohlbefinden verbessern können. Chemie ist also nicht nur eine abstrakte Wissenschaft, sondern hat auch praktische Anwendungen in unserem täglichen Leben.

In den nächsten Abschnitten werden wir uns genauer mit den Eigenschaften von Molekülen, den verschiedenen Arten von chemischen Reaktionen und vielen anderen spannenden Themen der Chemie beschäftigen.

DIE EIGENSCHAFTEN VON STOFFEN

In diesem Abschnitt werden wir uns mit den Eigenschaften von Stoffen beschäftigen. Jeder Stoff hat bestimmte Merkmale, die ihn von anderen Stoffen unterscheiden. Diese Eigenschaften können uns helfen, Stoffe zu identifizieren und zu verstehen, wie sie sich verhalten.

AGGREGATZUSTÄNDE

Ein wichtiger Aspekt der Eigenschaften von Stoffen ist ihr Aggregatzustand. Es gibt drei grundlegende Aggregatzustände: fest, flüssig und gasförmig. Jeder Stoff kann in einem dieser Zustände existieren, abhängig von den Bedingungen wie Temperatur und Druck.

- **Feste Stoffe** haben eine feste Form und ein festes Volumen. Sie behalten ihre Form, wenn sie bewegt oder berührt werden. Beispiele für feste Stoffe sind Holz, Metalle und Steine.

- **Flüssige Stoffe** haben keine feste Form, aber ein festes Volumen. Sie passen sich der Form des Behälters an, in dem sie sich befinden. Wasser, Milch und Saft sind Beispiele für flüssige Stoffe.
- **Gasförmige Stoffe** haben weder eine feste Form noch ein festes Volumen. Sie füllen den gesamten verfügbaren Raum aus und können sich frei bewegen. Beispiele für gasförmige Stoffe sind Luft, Wasserstoff und Sauerstoff.

PHYSIKALISCHE EIGENSCHAFTEN

Neben dem Aggregatzustand haben Stoffe auch andere physikalische Eigenschaften, die uns helfen, sie zu charakterisieren. Hier sind einige wichtige physikalische Eigenschaften von Stoffen:

- **Masse** ist die Menge an Materie, die ein Stoff enthält. Sie wird in Kilogramm (kg) oder Gramm (g) gemessen. Die Masse bleibt unverändert, unabhängig von der Form oder dem Zustand des Stoffes.
- **Volumen** ist der Raum, den ein Stoff einnimmt. Es wird in Kubikmetern (m^3) oder Kubikzentimetern (cm^3) gemessen. Das Volumen kann sich je nach Aggregatzustand ändern.
- **Dichte** ist das Verhältnis von Masse zu Volumen eines Stoffes. Sie wird in Kilogramm pro Kubikmeter (kg/m^3) oder Gramm pro Kubikzentimeter (g/cm^3) angegeben. Die Dichte kann uns sagen, ob ein Stoff leicht oder schwer ist.
- **Schmelzpunkt** ist die Temperatur, bei der ein fester Stoff zu einem flüssigen Stoff wird. Jeder Stoff hat einen bestimmten Schmelzpunkt. Zum Beispiel schmilzt Eis bei 0 Grad Celsius.
- **Siedepunkt** ist die Temperatur, bei der ein flüssiger Stoff zu einem gasförmigen Stoff wird. Jeder Stoff hat einen bestimmten Siedepunkt. Wasser zum Beispiel siedet bei 100 Grad Celsius.

CHEMISCHE EIGENSCHAFTEN

Neben den physikalischen Eigenschaften haben Stoffe auch chemische Eigenschaften, die sich auf ihr Verhalten bei chemischen Reaktionen beziehen. Hier sind einige wichtige chemische Eigenschaften von Stoffen:

- **Reaktivität** beschreibt die Fähigkeit eines Stoffes, mit anderen Stoffen zu reagieren. Einige Stoffe sind sehr reaktiv und reagieren leicht mit anderen Stoffen, während andere Stoffe weniger reaktiv sind.
- **Stabilität** bezieht sich auf die Fähigkeit eines Stoffes, seine chemische Struktur beizubehalten. Stabile Stoffe sind weniger anfällig für Veränderungen oder Reaktionen.
- **Säure-Base-Eigenschaften** beschreiben, ob ein Stoff sauer, neutral oder basisch ist. Säuren haben einen sauren Geschmack und können andere Stoffe korrodieren. Basen haben einen bitteren Geschmack und können Säuren neutralisieren.
- **Oxidationsfähigkeit** beschreibt die Fähigkeit eines Stoffes, Elektronen aufzunehmen oder abzugeben. Oxidationsmittel geben Elektronen ab, während Reduktionsmittel Elektronen aufnehmen.

Die Kenntnis der Eigenschaften von Stoffen ist entscheidend, um ihre Verwendung und ihr Verhalten zu verstehen. In den nächsten Abschnitten werden wir uns mit den verschiedenen Zuständen der Materie, den Elementen und chemischen Reaktionen befassen, um unser Wissen über die Eigenschaften von Stoffen weiter zu vertiefen.

DIE VERSCHIEDENEN ZUSTÄNDE DER MATERIE

Materie kann in verschiedenen Zuständen existieren. In der Chemie unterscheiden wir zwischen den drei grundlegenden Zuständen: fest, flüssig und gasförmig. Jeder dieser Zustände hat seine eigenen Eigenschaften und Verhaltensweisen. In diesem

Abschnitt werden wir uns genauer mit den verschiedenen Zuständen der Materie befassen.

DER FESTE ZUSTAND

Der feste Zustand ist einer der am häufigsten vorkommenden Zustände der Materie. Wenn ein Stoff fest ist, behält er seine Form und sein Volumen, wenn er bewegt oder berührt wird. Ein Beispiel für einen festen Stoff ist Eis. Wenn Wasser gefriert, bildet es Eis, das fest und hart ist. Andere Beispiele für feste Stoffe sind Holz, Metall und Stein.

Feste Stoffe haben auch eine bestimmte Schmelztemperatur. Wenn ein fester Stoff erhitzt wird, erreicht er irgendwann seine Schmelztemperatur und wird zu einem flüssigen Zustand. Dieser Übergang vom festen zum flüssigen Zustand wird als Schmelzen bezeichnet.

DER FLÜSSIGE ZUSTAND

Im flüssigen Zustand hat ein Stoff keine feste Form, sondern passt sich dem Behälter an, in dem er sich befindet. Flüssigkeiten haben ein bestimmtes Volumen, aber keine feste Form. Ein Beispiel für eine Flüssigkeit ist Wasser. Wasser kann in einem Glas sein, aber es kann auch in einem Behälter oder einer Flasche sein. Es passt sich der Form des Behälters an.

Flüssigkeiten haben auch eine bestimmte Siedetemperatur. Wenn eine Flüssigkeit erhitzt wird, erreicht sie irgendwann ihre Siedetemperatur und wird zu einem gasförmigen Zustand. Dieser Übergang vom flüssigen zum gasförmigen Zustand wird als Verdampfen bezeichnet.

DER GASFÖRMIGE ZUSTAND

Im gasförmigen Zustand hat ein Stoff weder eine feste Form noch ein bestimmtes Volumen. Gase füllen den Raum, in dem sie sich befinden, vollständig aus. Ein Beispiel für ein Gas ist Luft. Luft ist überall um uns herum und füllt den Raum aus, den wir einatmen.

Gase haben auch eine bestimmte Kondensationstemperatur. Wenn ein Gas abgekühlt wird, erreicht es irgendwann seine Kondensationstemperatur und wird zu einem flüssigen oder festen Zustand. Dieser Übergang vom gasförmigen zum flüssigen oder festen Zustand wird als Kondensation bezeichnet.

DER ÜBERGANG ZWISCHEN DEN ZUSTÄNDEN

Die Übergänge zwischen den verschiedenen Zuständen der Materie können durch Erhitzen oder Abkühlen eines Stoffes erreicht werden. Wenn ein Stoff erhitzt wird, nimmt seine Energie zu und er kann vom festen zum flüssigen und dann zum gasförmigen Zustand übergehen. Wenn ein Stoff abgekühlt wird, nimmt seine Energie ab und er kann vom gasförmigen zum flüssigen und dann zum festen Zustand übergehen.

Diese Übergänge zwischen den Zuständen der Materie sind wichtig, da sie uns helfen, die Eigenschaften und Verhaltensweisen von Stoffen besser zu verstehen. Sie spielen auch eine wichtige Rolle in vielen Bereichen unseres täglichen Lebens, wie zum Beispiel beim Kochen, bei der Herstellung von Produkten und in der Natur.

In den nächsten Abschnitten werden wir uns genauer mit den Eigenschaften und Verhaltensweisen der verschiedenen Zustände der Materie befassen und ihre Bedeutung in der Chemie und im Alltag untersuchen.

DIE ELEMENTE UND DAS PERIODENSYSTEM

DIE ENTDECKUNG DER ELEMENTE

Die Entdeckung der Elemente war ein wichtiger Meilenstein in der Geschichte der Chemie. In diesem Abschnitt werden wir uns mit den Anfängen der Elemententdeckung befassen und erfahren, wie Wissenschaftler im Laufe der Zeit neue Elemente entdeckt haben.

DIE ANFÄNGE DER ELEMENTENTDECKUNG

Die Entdeckung der Elemente begann vor langer Zeit, als die Menschen begannen, die Natur und die Materialien um sie herum zu erforschen. Schon in der Antike hatten die Menschen Kenntnisse über einige Elemente wie Gold, Silber und Kupfer. Diese Elemente wurden für ihre Seltenheit und ihre besonderen Eigenschaften geschätzt.

Im Laufe der Zeit entwickelten sich die Methoden zur Elemententdeckung weiter. Im 18. Jahrhundert begannen Wissenschaftler wie Antoine Lavoisier und Joseph Priestley, systematisch verschiedene Materialien zu untersuchen und neue Elemente zu identifizieren. Sie führten Experimente durch, um die Eigenschaften der Materialien zu analysieren und festzustellen, ob es sich um neue Elemente handelte.

DIE ENTDECKUNG DER EDELGASE

Eine der bedeutendsten Entdeckungen in der Geschichte der Elemente war die Entdeckung der Edelgase. Edelgase sind eine Gruppe von Elementen, die in der Luft vorkommen, aber sehr reaktionsträge sind. Sie wurden erst im 19. Jahrhundert entdeckt, als Wissenschaftler begannen, die Luft genauer zu untersuchen.

Der britische Chemiker Sir William Ramsay spielte eine entscheidende Rolle bei der Entdeckung der Edelgase. Er isolierte Helium, Neon, Argon, Krypton und Xenon aus der Luft und erkannte, dass es sich um neue Elemente handelte. Diese Entdeckung war bahnbrechend und trug dazu bei, unser Verständnis der Elemente und ihrer Eigenschaften zu erweitern.

DIE ENTDECKUNG DER RADIOAKTIVEN ELEMENTE

Eine weitere wichtige Entdeckung in der Geschichte der Elemente war die Entdeckung der radioaktiven Elemente. Radioaktive Elemente sind Elemente, die spontan zerfallen und dabei Strahlung abgeben. Diese Entdeckung war ein Meilenstein in der Entwicklung der Kernchemie und hatte weitreichende Auswirkungen auf viele Bereiche der Wissenschaft und Technologie.

Marie Curie war eine der bedeutendsten Wissenschaftlerinnen, die zur Entdeckung der radioaktiven Elemente beigetragen haben. Sie entdeckte das Element Radium und gewann gemeinsam mit ihrem Mann Pierre Curie den Nobelpreis für Physik für ihre Arbeit auf dem Gebiet der Radioaktivität. Ihre Entdeckungen legten den Grundstein für die moderne Kernchemie und hatten einen enormen Einfluss auf die medizinische Diagnostik und Behandlung.

DIE ENTDECKUNG NEUER ELEMENTE IN DER MODERNEN ZEIT

Auch in der modernen Zeit werden immer wieder neue Elemente entdeckt. Wissenschaftler nutzen fortschrittliche Technologien und Instrumente, um neue Elemente zu identifizieren und ihre Eigenschaften zu untersuchen. Diese Entdeckungen tragen dazu bei, unser Verständnis der Elemente und ihrer Rolle in der Natur und Technik weiter zu vertiefen.

Ein Beispiel für eine solche Entdeckung ist das Element Oganesson, das im Jahr 2002 von russischen Wissenschaftlern synthetisiert wurde. Oganesson ist ein sehr schweres und instabiles

Element, das nur im Labor hergestellt werden kann. Diese Entdeckung erweitert unser Wissen über die Grenzen des Periodensystems und zeigt, dass es immer noch viel zu erforschen gibt.

Die Entdeckung der Elemente ist ein faszinierendes Kapitel in der Geschichte der Chemie. Durch die Entdeckung neuer Elemente erweitern wir unser Verständnis der Natur und ihrer Bausteine. Die Arbeit von Wissenschaftlern auf der ganzen Welt hat dazu beigetragen, das Periodensystem der Elemente zu entwickeln und unser Wissen über die chemischen Eigenschaften der Elemente zu erweitern. In den nächsten Abschnitten werden wir uns genauer mit dem Periodensystem und den Eigenschaften der Elemente befassen.

DAS PERIODENSYSTEM DER ELEMENTE

Das Periodensystem der Elemente ist eine wichtige Tabelle, die uns hilft, die verschiedenen Elemente zu verstehen und zu organisieren. Es ist wie eine Landkarte, die uns den Weg durch die Welt der Elemente zeigt. In diesem Abschnitt werden wir uns genauer mit dem Periodensystem befassen und seine Bedeutung kennenlernen.

DIE GESCHICHTE DES PERIODENSYSTEMS

Das Periodensystem wurde von dem russischen Chemiker Dmitri Mendelejew im Jahr 1869 entwickelt. Er erkannte, dass die Elemente in einer bestimmten Reihenfolge angeordnet werden können, basierend auf ihren Eigenschaften. Mendelejew ordnete die Elemente nach steigender Atommasse und stellte fest, dass sich bestimmte Muster und Perioden wiederholten.

DIE STRUKTUR DES PERIODENSYSTEMS

Das Periodensystem besteht aus horizontalen Reihen, die als Perioden bezeichnet werden, und vertikalen Spalten, die als Gruppen bezeichnet werden. Jedes Element hat eine eindeutige Position im Periodensystem, die durch seine Ordnungszahl bestimmt wird. Die Ordnungszahl gibt die Anzahl der Protonen im Atomkern eines Elements an.

Die Elemente im Periodensystem sind in Metalle, Nichtmetalle und Halbmetalle unterteilt. Metalle befinden sich auf der linken Seite des Periodensystems, während Nichtmetalle auf der rechten Seite zu finden sind. Halbmetalle befinden sich dazwischen.

DIE BEDEUTUNG DER GRUPPEN IM PERIODENSYSTEM

Die Gruppen im Periodensystem haben eine besondere Bedeutung, da die Elemente in einer Gruppe ähnliche Eigenschaften aufweisen. Zum Beispiel gehören die Alkalimetalle zur ersten Gruppe und sind sehr reaktionsfreudig. Die Edelgase hingegen gehören zur achten Gruppe und sind sehr stabil und reaktionsträge.

Einige Gruppen haben auch spezifische Namen. Die Elemente der zweiten Gruppe werden Erdalkalimetalle genannt, während die Elemente der siebten Gruppe als Halogene bekannt sind. Diese Namen helfen uns, die Elemente besser zu identifizieren und zu verstehen.

DIE BEDEUTUNG DER PERIODEN IM PERIODENSYSTEM

Die Perioden im Periodensystem geben uns Informationen über die Anzahl der Elektronenschalen eines Elements. Elemente in derselben Periode haben die gleiche Anzahl von Elektronenschalen. Zum Beispiel haben alle Elemente in der ersten Periode nur eine Elektronenschale, während Elemente in der zweiten Periode zwei Elektronenschalen haben.

Die Perioden geben uns auch Hinweise auf die Größe der Atome. In der Regel werden die Atome von links nach rechts in einer Periode kleiner, da die Anzahl der Protonen im Atomkern zunimmt.

DIE ELEMENTE IM PERIODENSYSTEM

Das Periodensystem enthält alle bekannten Elemente, von Wasserstoff bis zu den schweren Elementen wie Uran. Jedes Element hat seine eigenen einzigartigen Eigenschaften und Verwendungen. Einige Elemente sind sehr häufig und kommen in der Natur häufig vor, während andere sehr selten sind und nur in geringen Mengen vorkommen.

Die Elemente im Periodensystem sind nach ihrer Ordnungszahl geordnet, was uns hilft, sie leicht zu identifizieren und zu unterscheiden. Jedes Element hat ein Symbol, das aus einem oder zwei Buchstaben besteht. Zum Beispiel steht "H" für Wasserstoff und "O" für Sauerstoff.

DIE VERWENDUNG DES PERIODENSYSTEMS

Das Periodensystem ist ein wichtiges Werkzeug für Chemiker und Wissenschaftler. Es hilft uns, die Eigenschaften der Elemente zu verstehen und Vorhersagen über ihr Verhalten zu machen. Das Periodensystem ermöglicht es uns auch, Verbindungen zwischen den Elementen herzustellen und neue Materialien zu entwickeln.

Das Periodensystem ist auch für den Alltag von großer Bedeutung. Es hilft uns, die Inhaltsstoffe von Produkten zu verstehen, wie zum Beispiel Lebensmittel, Medikamente und Reinigungsmittel. Es ermöglicht uns auch, die Umwelt und die Auswirkungen von Chemikalien besser zu verstehen.

Insgesamt ist das Periodensystem ein unverzichtbares Werkzeug in der Chemie. Es hilft uns, die Welt der Elemente zu erforschen und zu verstehen, wie sie miteinander interagieren. Durch das Studium des Periodensystems können wir die Grundlagen der Chemie besser verstehen und unsere Kenntnisse erweitern.

DIE EIGENSCHAFTEN DER ELEMENTE

In diesem Abschnitt werden wir uns mit den Eigenschaften der Elemente befassen. Jedes Element hat einzigartige Eigenschaften, die es von anderen Elementen unterscheiden. Diese Eigenschaften bestimmen, wie sich die Elemente verhalten und wie sie mit anderen Elementen reagieren.

DIE ATOMSTRUKTUR

Um die Eigenschaften der Elemente zu verstehen, müssen wir zuerst die Struktur der Atome betrachten. Atome sind die kleinsten Bausteine der Materie und bestehen aus einem Kern, der Protonen und Neutronen enthält, sowie Elektronen, die den Kern umkreisen. Die Anzahl der Protonen im Kern bestimmt die Identität des Elements. Zum Beispiel hat Wasserstoff ein Proton im Kern, während Sauerstoff acht Protonen hat.

Die Anordnung der Elektronen um den Kern beeinflusst die chemischen Eigenschaften des Elements. Die Elektronen befinden sich in verschiedenen Schalen um den Kern herum. Die innerste Schale kann nur zwei Elektronen aufnehmen, während die äußeren Schalen mehr Elektronen enthalten können. Die Anzahl der Elektronen in der äußersten Schale bestimmt, wie das Element mit anderen Elementen reagiert.

DIE CHEMISCHEN EIGENSCHAFTEN

Die chemischen Eigenschaften der Elemente werden hauptsächlich durch ihre Elektronenkonfiguration bestimmt. Elemente können in Metalle, Nichtmetalle und Halbmetalle eingeteilt werden, basierend auf ihren chemischen Eigenschaften.

Metalle haben in der äußersten Schale wenige Elektronen und neigen dazu, Elektronen abzugeben, um eine stabile Konfiguration zu erreichen. Dadurch werden sie zu positiv geladenen Ionen, die als Kationen bezeichnet werden. Metalle sind in der Regel gute Leiter von Wärme und Elektrizität und haben eine glänzende Oberfläche.

Nichtmetalle hingegen haben in der äußersten Schale viele Elektronen und neigen dazu, Elektronen aufzunehmen, um eine stabile Konfiguration zu erreichen. Dadurch werden sie zu negativ geladenen Ionen, die als Anionen bezeichnet werden. Nichtmetalle sind in der Regel keine guten Leiter von Wärme und Elektrizität und haben eine matte Oberfläche.

Halbmetalle haben Eigenschaften, die zwischen Metallen und Nichtmetallen liegen. Sie können sowohl Elektronen abgeben als auch aufnehmen, abhängig von den Bedingungen.

DIE PHYSIKALISCHEN EIGENSCHAFTEN

Neben den chemischen Eigenschaften haben Elemente auch physikalische Eigenschaften, die uns helfen, sie zu identifizieren und zu unterscheiden. Zu den physikalischen Eigenschaften gehören unter anderem die Dichte, der Schmelz- und Siedepunkt, die Härte und die Farbe.

Die Dichte eines Elements gibt an, wie viel Masse es in einem bestimmten Volumen hat. Ein Element mit hoher Dichte ist schwerer als ein Element mit niedriger Dichte. Der Schmelzpunkt ist die Temperatur, bei der ein Element vom festen in den flüssigen Zustand übergeht, während der Siedepunkt die Temperatur ist, bei der ein Element vom flüssigen in den gasförmigen Zustand übergeht.

Die Härte eines Elements gibt an, wie widerstandsfähig es gegen Kratzer oder Verformungen ist. Einige Elemente sind sehr hart, wie zum Beispiel Diamant, während andere weich und biegsam sind. Die Farbe eines Elements kann ebenfalls variieren. Einige Elemente haben eine charakteristische Farbe, während andere farblos sind.

DIE BEDEUTUNG DER ELEMENTE IN UNSEREM ALLTAG

Die Elemente sind überall um uns herum und spielen eine wichtige Rolle in unserem Alltag. Zum Beispiel ist Sauerstoff ein Element, das wir zum Atmen benötigen. Wasserstoff wird als Brennstoff für Raketen verwendet. Eisen wird für den Bau von Gebäuden und Brücken verwendet. Gold wird für Schmuck und elektronische Geräte verwendet.

Die Eigenschaften der Elemente bestimmen, wie wir sie nutzen können. Einige Elemente sind sehr reaktiv und können gefährlich sein, während andere Elemente stabil und sicher sind. Indem wir die Eigenschaften der Elemente verstehen, können wir sie sicher und effektiv nutzen.

In diesem Abschnitt haben wir die Eigenschaften der Elemente untersucht, einschließlich ihrer Atomstruktur, chemischen Eigenschaften, physikalischen Eigenschaften und ihrer Bedeutung in unserem Alltag. Indem wir die Eigenschaften der Elemente verstehen, können wir die Welt um uns herum besser verstehen und die Chemie in unserem Alltag besser schätzen.

DIE BEDEUTUNG DER ELEMENTE IN UNSEREM ALLTAG

Die Elemente sind die Bausteine der Materie und spielen eine wichtige Rolle in unserem täglichen Leben. In diesem Abschnitt werden wir uns genauer mit der Bedeutung der Elemente in unserem Alltag befassen.

ELEMENTE IN DER ERNÄHRUNG

Einige Elemente sind für unseren Körper lebenswichtig. Zum Beispiel ist Sauerstoff ein Element, das wir zum Atmen benötigen. Kohlenstoff ist ein weiteres Element, das in vielen organischen Verbindungen vorkommt und die Grundlage für alle lebenden Organismen bildet. Wasserstoff ist ein weiteres wichtiges Element, das in vielen chemischen Reaktionen in unserem Körper eine Rolle spielt.

Darüber hinaus benötigen wir auch andere Elemente wie Kalzium, Eisen und Magnesium für eine gesunde Ernährung. Diese Elemente sind in verschiedenen Lebensmitteln enthalten und tragen zur Aufrechterhaltung unserer Gesundheit bei.

ELEMENTE IN DER TECHNOLOGIE

Die Elemente spielen auch eine entscheidende Rolle in der Technologie. Zum Beispiel wird Silizium, ein Element, das in der Natur weit verbreitet ist, zur Herstellung von Computerchips verwendet. Diese Chips sind die Grundlage für moderne Computer und elektronische Geräte.

Ein weiteres Beispiel ist Kupfer, ein Element, das aufgrund seiner guten elektrischen Leitfähigkeit in der Elektronikindustrie weit verbreitet ist. Kupfer wird für die Herstellung von Kabeln, Leitungen und Schaltkreisen verwendet.

Darüber hinaus werden Elemente wie Eisen, Aluminium und Titan in der Bauindustrie verwendet, um starke und langlebige Strukturen zu schaffen. Diese Elemente finden sich in Gebäuden, Brücken und Fahrzeugen.

ELEMENTE IN DER MEDIZIN

Auch in der Medizin spielen die Elemente eine wichtige Rolle. Zum Beispiel wird Jod, ein Element, in Form von Jodsalz zur Vorbeugung von Schilddrüsenerkrankungen eingesetzt. Eisen wird zur Behandlung von Eisenmangelanämie verwendet, während Calcium für starke Knochen und Zähne benötigt wird.

Ein weiteres Beispiel ist Gold, das in der Medizin für bestimmte Behandlungen eingesetzt wird. Gold wird in der Krebstherapie und bei der Behandlung von Gelenkerkrankungen verwendet.

ELEMENTE IN DER UMWELT

Die Elemente haben auch Auswirkungen auf die Umwelt. Einige Elemente können natürlicherweise in der Umwelt vorkommen, während andere durch menschliche Aktivitäten freigesetzt werden.

Zum Beispiel kann Schwefeldioxid, das bei der Verbrennung von fossilen Brennstoffen freigesetzt wird, zu saurem Regen führen. Dieser saure Regen kann die Umwelt schädigen, indem er Pflanzen und Gewässer beeinträchtigt.

Ein weiteres Beispiel ist Quecksilber, das in einigen Industrieprozessen freigesetzt wird. Quecksilber kann sich in der Umwelt anreichern und in die Nahrungskette gelangen. Dies kann zu schweren Gesundheitsschäden bei Tieren und Menschen führen.

ELEMENTE IN DER ENERGIEERZEUGUNG

Die Elemente spielen auch eine wichtige Rolle bei der Energieerzeugung. Zum Beispiel werden Uran und Plutonium in Kernkraftwerken als Brennstoffe verwendet, um elektrische Energie zu erzeugen.

Darüber hinaus werden Elemente wie Silizium und Gallium in der Photovoltaikindustrie verwendet, um Solarzellen herzustellen. Diese Solarzellen wandeln Sonnenlicht direkt in elektrische Energie um.

ELEMENTE IN DER CHEMIE

Die Elemente sind auch von großer Bedeutung in der Chemie. Chemiker verwenden verschiedene Elemente, um neue Verbindungen herzustellen und chemische Reaktionen durchzuführen. Diese Reaktionen sind entscheidend für die Entwicklung neuer Materialien, Medikamente und Technologien.

Zusammenfassend lässt sich sagen, dass die Elemente eine wichtige Rolle in unserem Alltag spielen. Sie sind in unserer Ernährung, in der Technologie, in der Medizin, in der Umwelt und in der Energieerzeugung präsent. Ohne die Elemente wäre unser modernes Leben nicht möglich.

DIE CHEMISCHEN REAKTIONEN

WAS SIND CHEMISCHE REAKTIONEN?

Chemische Reaktionen sind ein wichtiger Teil der Chemie. Aber was genau sind chemische Reaktionen? In diesem Abschnitt werden wir uns genauer damit beschäftigen.

DIE DEFINITION VON CHEMISCHEN REAKTIONEN

Chemische Reaktionen sind Prozesse, bei denen sich die Atome oder Moleküle von Stoffen verändern und neue Stoffe entstehen. Dabei werden die chemischen Bindungen zwischen den Atomen gebrochen und neue Bindungen werden gebildet. Diese Veränderungen führen zu einer Umwandlung der Ausgangsstoffe in Produkte.

DIE ANZEICHEN EINER CHEMISCHEN REAKTION

Es gibt verschiedene Anzeichen, die auf eine chemische Reaktion hinweisen können. Eine davon ist eine Farbänderung. Wenn sich die Farbe eines Stoffes während einer Reaktion verändert, kann dies ein Hinweis darauf sein, dass neue Stoffe gebildet werden. Ein weiteres Anzeichen ist die Bildung von Gasen. Wenn bei einer Reaktion Gasblasen entstehen, deutet dies darauf hin, dass sich die Stoffe verändert haben. Auch die Bildung von Feststoffen, wie zum Beispiel bei der Bildung von Kristallen, kann ein Hinweis auf eine chemische Reaktion sein.

DIE REAKTIONSGLEICHUNG

Um chemische Reaktionen zu beschreiben, verwenden Chemiker Reaktionsgleichungen. Eine Reaktionsgleichung zeigt, welche Ausgangsstoffe in welchen Produkten umgewandelt werden. Dabei werden die chemischen Formeln der Stoffe verwendet. Die Ausgangsstoffe werden auf der linken Seite der Gleichung geschrieben und die Produkte auf der rechten Seite. Zwischen den Ausgangsstoffen und den Produkten stehen Pfeile, die anzeigen, in welche Richtung die Reaktion abläuft.

DIE ENERGIE IN CHEMISCHEN REAKTIONEN

Chemische Reaktionen benötigen oft Energie, um ablaufen zu können. Diese Energie kann in Form von Wärme, Licht oder elektrischer Energie bereitgestellt werden. Manche Reaktionen geben Energie ab, während andere Energie aufnehmen. Reaktionen, die Energie abgeben, werden exotherme Reaktionen genannt, während Reaktionen, die Energie aufnehmen, endotherme Reaktionen genannt werden.

DIE BEDEUTUNG VON CHEMISCHEN REAKTIONEN IN DER NATUR

Chemische Reaktionen spielen eine wichtige Rolle in der Natur. Viele natürliche Prozesse, wie zum Beispiel die Photosynthese bei Pflanzen oder die Verdauung in unserem Körper, basieren auf chemischen Reaktionen. Auch die Entstehung von Wolken, die Verbrennung von Holz oder die Rostbildung sind Beispiele für chemische Reaktionen in der Natur.

DIE BEDEUTUNG VON CHEMISCHEN REAKTIONEN IN DER TECHNIK

Auch in der Technik sind chemische Reaktionen von großer Bedeutung. Viele industrielle Prozesse, wie die Herstellung von Kunststoffen, die Produktion von Medikamenten oder die Gewinnung von Metallen, basieren auf chemischen Reaktionen. Chemische Reaktionen ermöglichen es uns, neue Materialien herzustellen und Energie umzuwandeln.

Chemische Reaktionen sind also ein faszinierendes und wichtiges Thema in der Chemie. Sie ermöglichen es uns, die Welt um uns herum besser zu verstehen und haben eine große Bedeutung in der Natur und Technik. In den nächsten Abschnitten werden wir uns genauer mit den verschiedenen Arten von chemischen Reaktionen, der Reaktionsgeschwindigkeit und der Energie in chemischen Reaktionen beschäftigen.

DIE VERSCHIEDENEN ARTEN VON CHEMISCHEN REAKTIONEN

Chemische Reaktionen sind faszinierende Vorgänge, bei denen sich Stoffe in neue Substanzen umwandeln. Es gibt verschiedene Arten von chemischen Reaktionen, die wir uns genauer anschauen wollen.

DIE SYNTHESE

Eine Synthese ist eine Art von chemischer Reaktion, bei der zwei oder mehrere Stoffe miteinander reagieren und eine neue Substanz entsteht. Dabei werden die Ausgangsstoffe miteinander verbunden und es entsteht ein Produkt. Ein bekanntes Beispiel für eine Synthese ist die Verbrennung von Wasserstoff und Sauerstoff, bei der Wasser entsteht. Die Gleichung für diese Reaktion lautet:

$$2H_2 + O_2 \rightarrow 2H_2O$$

DIE ZERSETZUNG

Bei einer Zersetzung wird eine Substanz in ihre Bestandteile aufgespalten. Dabei entstehen oft Gase oder andere Verbindungen. Ein Beispiel für eine Zersetzung ist die Zersetzung von Wasserstoffperoxid, bei der Sauerstoff und Wasser entstehen. Die Gleichung für diese Reaktion lautet:

$$2H_2O_2 \rightarrow 2H_2O + O_2$$

DIE SUBSTITUTION

Bei einer Substitutionsreaktion wird ein Atom oder eine Gruppe von Atomen in einem Molekül durch ein anderes Atom oder eine andere Gruppe von Atomen ersetzt. Ein Beispiel für eine Substitutionsreaktion ist die Reaktion von Methan mit Chlor, bei der Chlorwasserstoff und Chlormethan entstehen. Die Gleichung für diese Reaktion lautet:

$CH_4 + Cl_2 \rightarrow CH_3Cl + HCl$

DIE ADDITION

Bei einer Addition werden zwei oder mehrere Moleküle miteinander verbunden, wobei eine neue Verbindung entsteht. Ein Beispiel für eine Addition ist die Reaktion von Wasserstoff mit Sauerstoff zu Wasser. Die Gleichung für diese Reaktion lautet:

$H_2 + O_2 \rightarrow H_2O$

DIE REDOXREAKTION

Eine Redoxreaktion ist eine chemische Reaktion, bei der Elektronen von einer Substanz auf eine andere übertragen werden. Dabei findet gleichzeitig eine Oxidation und eine Reduktion statt. Ein Beispiel für eine Redoxreaktion ist die Reaktion von Eisen mit Sauerstoff, bei der Eisenoxid entsteht. Die Gleichung für diese Reaktion lautet:

$4Fe + 3O_2 \rightarrow 2Fe_2O_3$

DIE SÄURE-BASE-REAKTION

Bei einer Säure-Base-Reaktion reagieren eine Säure und eine Base miteinander und es entstehen Salze und Wasser. Ein Beispiel für eine Säure-Base-Reaktion ist die Reaktion von Salzsäure mit Natronlauge, bei der Kochsalz und Wasser entstehen. Die Gleichung für diese Reaktion lautet:

HCl + NaOH -> NaCl + H2O

Diese verschiedenen Arten von chemischen Reaktionen sind nur ein kleiner Einblick in die faszinierende Welt der Chemie. Es gibt noch viele weitere Reaktionen, die in der Natur und in der Technik eine wichtige Rolle spielen. Chemische Reaktionen sind überall um uns herum und beeinflussen unser tägliches Leben auf vielfältige Weise.

DIE REAKTIONSGESCHWINDIGKEIT

Chemische Reaktionen finden überall um uns herum statt. Manchmal passieren sie sehr schnell, wie zum Beispiel das Verbrennen von Papier, und manchmal dauern sie länger, wie das Rosten von Metall. Die Geschwindigkeit, mit der eine chemische Reaktion abläuft, wird als Reaktionsgeschwindigkeit bezeichnet.

WAS IST DIE REAKTIONSGESCHWINDIGKEIT?

Die Reaktionsgeschwindigkeit gibt an, wie schnell sich die Ausgangsstoffe einer chemischen Reaktion in Produkte umwandeln. Sie kann von verschiedenen Faktoren beeinflusst werden, wie zum Beispiel der Konzentration der Ausgangsstoffe, der Temperatur, dem Druck und dem Vorhandensein eines Katalysators.

WIE KANN MAN DIE REAKTIONSGESCHWINDIGKEIT MESSEN?

Es gibt verschiedene Methoden, um die Reaktionsgeschwindigkeit zu messen. Eine Möglichkeit besteht darin, die Menge eines Ausgangsstoffs oder eines Produkts im Laufe der Zeit zu messen. Je schneller sich die Konzentration ändert, desto höher ist die

Reaktionsgeschwindigkeit. Eine andere Methode besteht darin, die Zeit zu messen, die benötigt wird, um eine bestimmte Menge an Produkt zu bilden.

FAKTOREN, DIE DIE REAKTIONSGESCHWINDIGKEIT BEEINFLUSSEN

Die Reaktionsgeschwindigkeit kann von verschiedenen Faktoren beeinflusst werden. Einer der wichtigsten Faktoren ist die Konzentration der Ausgangsstoffe. Wenn die Konzentration erhöht wird, stoßen mehr Teilchen aufeinander, was zu einer höheren Wahrscheinlichkeit von Zusammenstößen und damit zu einer schnelleren Reaktion führt.

Die Temperatur ist ein weiterer wichtiger Faktor. Wenn die Temperatur erhöht wird, bewegen sich die Teilchen schneller und stoßen häufiger zusammen, was zu einer erhöhten Reaktionsgeschwindigkeit führt. Ein höherer Druck kann ebenfalls die Reaktionsgeschwindigkeit erhöhen, da die Teilchen enger beieinander sind und häufiger zusammenstoßen.

Das Vorhandensein eines Katalysators kann die Reaktionsgeschwindigkeit ebenfalls erhöhen. Ein Katalysator ist eine Substanz, die die Reaktion beschleunigt, ohne dabei selbst verbraucht zu werden. Er senkt die Aktivierungsenergie, die benötigt wird, um die Reaktion zu starten, und ermöglicht so eine schnellere Reaktion.

DIE BEDEUTUNG DER REAKTIONSGESCHWINDIGKEIT

Die Reaktionsgeschwindigkeit ist in vielen Bereichen von großer Bedeutung. In der Natur spielen chemische Reaktionen eine wichtige Rolle bei der Umwandlung von Stoffen, wie zum Beispiel bei der Photosynthese, bei der Pflanzen Kohlendioxid in Sauerstoff umwandeln.

In der Technik ist die Reaktionsgeschwindigkeit ebenfalls von großer Bedeutung. Viele industrielle Prozesse, wie die Herstellung von Medikamenten oder die Produktion von Kunststoffen, hängen von schnellen und effizienten chemischen Reaktionen ab.

Die Kenntnis der Reaktionsgeschwindigkeit ermöglicht es uns auch, chemische Reaktionen zu kontrollieren und zu optimieren. Indem wir die Bedingungen, wie zum Beispiel die Konzentration der Ausgangsstoffe oder die Temperatur, anpassen, können wir die Reaktionsgeschwindigkeit beeinflussen und so gewünschte Produkte in der gewünschten Menge herstellen.

Die Reaktionsgeschwindigkeit ist also ein wichtiger Aspekt der Chemie, der uns hilft, die Welt um uns herum besser zu verstehen und zu nutzen.

DIE ENERGIE IN CHEMISCHEN REAKTIONEN

Chemische Reaktionen sind nicht nur faszinierend, sondern auch von großer Bedeutung für unser tägliches Leben. Bei jeder chemischen Reaktion findet ein Austausch von Energie statt. In diesem Abschnitt werden wir uns genauer mit der Rolle der Energie in chemischen Reaktionen befassen.

DIE ENERGIEFORMEN

Energie kann in verschiedenen Formen auftreten. In chemischen Reaktionen sind vor allem zwei Formen von Energie von Bedeutung: die kinetische Energie und die potentielle Energie.

Die kinetische Energie ist die Energie der Bewegung. In chemischen Reaktionen können sich die Teilchen, aus denen die Stoffe bestehen, bewegen und dadurch kinetische Energie besitzen. Wenn sich die Teilchen schneller bewegen, erhöht sich ihre kinetische Energie.

Die potentielle Energie hingegen ist die Energie, die in den Bindungen zwischen den Atomen gespeichert ist. In chemischen Reaktionen können sich diese Bindungen lösen oder neue Bindungen entstehen. Dabei wird potentielle Energie freigesetzt oder aufgenommen.

EXOTHERME UND ENDOTHERME REAKTIONEN

Je nachdem, ob bei einer chemischen Reaktion Energie freigesetzt oder aufgenommen wird, unterscheidet man zwischen exothermen und endothermen Reaktionen.

Bei exothermen Reaktionen wird Energie in Form von Wärme an die Umgebung abgegeben. Ein bekanntes Beispiel für eine exotherme Reaktion ist die Verbrennung. Wenn wir Holz verbrennen, wird Energie in Form von Wärme und Licht freigesetzt.

Bei endothermen Reaktionen hingegen wird Energie aus der Umgebung aufgenommen. Ein Beispiel für eine endotherme Reaktion ist die Photosynthese. Pflanzen nehmen Energie aus Sonnenlicht auf, um Kohlendioxid und Wasser in Glucose umzuwandeln.

DIE REAKTIONSENTHALPIE

Die Reaktionsenthalpie ist eine Größe, die angibt, wie viel Energie bei einer chemischen Reaktion freigesetzt oder aufgenommen wird. Sie wird oft mit dem Symbol ΔH abgekürzt.

Wenn ΔH negativ ist, handelt es sich um eine exotherme Reaktion, bei der Energie freigesetzt wird. Ist ΔH hingegen positiv, handelt es sich um eine endotherme Reaktion, bei der Energie aufgenommen wird.

Die Reaktionsenthalpie kann auch dazu verwendet werden, um die Energieeffizienz einer Reaktion zu bestimmen. Je höher der Betrag von ΔH ist, desto ineffizienter ist die Reaktion, da mehr Energie aufgenommen oder freigesetzt wird.

DIE AKTIVIERUNGSENERGIE

Bei chemischen Reaktionen müssen oft zunächst bestimmte Energiebarrieren überwunden werden, bevor die Reaktion stattfinden kann. Diese Energiebarrieren werden als Aktivierungsenergie bezeichnet.

Die Aktivierungsenergie ist die Energie, die benötigt wird, um die Bindungen zwischen den Atomen zu brechen und die Reaktion in Gang zu setzen. Sobald die Aktivierungsenergie überwunden ist, läuft die Reaktion von selbst ab und setzt Energie frei oder nimmt Energie auf.

DIE BEDEUTUNG DER ENERGIE IN CHEMISCHEN REAKTIONEN

Die Energie spielt eine entscheidende Rolle in chemischen Reaktionen. Sie bestimmt, ob eine Reaktion überhaupt stattfinden kann und wie schnell sie abläuft. Außerdem ermöglicht sie die Umwandlung von Stoffen und die Bildung neuer Verbindungen.

In der Natur sind viele Prozesse von chemischen Reaktionen abhängig. Zum Beispiel ist die Photosynthese für die Umwandlung von Sonnenlicht in chemische Energie verantwortlich, die von Pflanzen genutzt wird.

Auch in der Technik sind chemische Reaktionen von großer Bedeutung. Sie werden zum Beispiel in Batterien und Brennstoffzellen verwendet, um elektrische Energie zu erzeugen.

Die Kenntnis über die Energie in chemischen Reaktionen ermöglicht es uns, neue Materialien zu entwickeln, effizientere

Prozesse zu gestalten und umweltfreundlichere Technologien zu schaffen.

In diesem Abschnitt haben wir gelernt, dass Energie in chemischen Reaktionen eine zentrale Rolle spielt. Sie kann in Form von kinetischer Energie und potentieller Energie auftreten. Je nachdem, ob Energie freigesetzt oder aufgenommen wird, unterscheidet man zwischen exothermen und endothermen Reaktionen. Die Reaktionsenthalpie gibt Auskunft über die freigesetzte oder aufgenommene Energie, während die Aktivierungsenergie die Energiebarriere beschreibt, die überwunden werden muss. Die Bedeutung der Energie in chemischen Reaktionen erstreckt sich von der Natur bis zur Technik und ermöglicht uns, die Welt um uns herum besser zu verstehen und zu gestalten.

DIE BEDEUTUNG VON CHEMISCHEN REAKTIONEN IN DER NATUR

Chemische Reaktionen spielen eine entscheidende Rolle in der Natur. Sie sind für viele Prozesse verantwortlich, die in unserer Umwelt stattfinden. Ohne chemische Reaktionen wäre das Leben, wie wir es kennen, nicht möglich. In diesem Abschnitt werden wir uns genauer mit der Bedeutung von chemischen Reaktionen in der Natur befassen.

DIE PHOTOSYNTHESE

Ein Beispiel für eine wichtige chemische Reaktion in der Natur ist die Photosynthese. Pflanzen nutzen die Energie der Sonne, um Kohlendioxid aus der Luft und Wasser aus dem Boden in Glukose und Sauerstoff umzuwandeln. Diese Reaktion findet in den Chloroplasten der Pflanzenzellen statt und ist für die Produktion von Nahrung und Sauerstoff unerlässlich. Ohne Photosynthese gäbe es keine Pflanzen, und somit auch keine Nahrung für Tiere und Menschen.

DIE ZELLATMUNG

Eine weitere wichtige chemische Reaktion in der Natur ist die Zellatmung. Alle Lebewesen, einschließlich Pflanzen, Tiere und Menschen, führen diese Reaktion durch, um Energie aus der Nahrung zu gewinnen. Bei der Zellatmung wird Glukose mit Sauerstoff zu Kohlendioxid und Wasser abgebaut, wobei Energie freigesetzt wird. Diese Energie wird von den Zellen genutzt, um lebenswichtige Funktionen auszuführen. Ohne Zellatmung wäre kein Leben möglich.

DIE VERDAUUNG

Auch die Verdauung ist eine chemische Reaktion, die in der Natur stattfindet. Wenn wir Nahrung zu uns nehmen, wird sie im Verdauungstrakt durch verschiedene chemische Reaktionen abgebaut. Enzyme, die von unserem Körper produziert werden, helfen dabei, die Nahrung in kleinere Moleküle aufzuspalten, die dann vom Körper aufgenommen und als Energiequelle genutzt werden können. Ohne die Verdauung könnten wir keine Nährstoffe aus der Nahrung aufnehmen und unser Körper würde nicht richtig funktionieren.

DIE FERMENTATION

Ein weiteres Beispiel für eine chemische Reaktion in der Natur ist die Fermentation. Dieser Prozess findet statt, wenn Mikroorganismen wie Hefen Zucker in Alkohol und Kohlendioxid umwandeln. Die Fermentation wird zum Beispiel bei der Herstellung von Brot, Bier und Wein verwendet. Sie ist auch für die Bildung von sauren Lebensmitteln wie Joghurt und Sauerkraut verantwortlich. Die Fermentation ist ein natürlicher Prozess, der seit Jahrtausenden von Menschen genutzt wird, um Lebensmittel herzustellen.

DIE STICKSTOFFFIXIERUNG

Die Stickstofffixierung ist eine wichtige chemische Reaktion in der Natur, die von bestimmten Bakterien durchgeführt wird. Diese Bakterien können Stickstoff aus der Luft in eine Form umwandeln, die von Pflanzen aufgenommen werden kann. Pflanzen benötigen Stickstoff, um Proteine und andere lebenswichtige Moleküle herzustellen. Ohne die Stickstofffixierung wären viele Pflanzen nicht in der Lage, ausreichend Stickstoff aufzunehmen und zu wachsen.

Chemische Reaktionen sind also nicht nur im Labor wichtig, sondern spielen auch in der Natur eine entscheidende Rolle. Sie ermöglichen das Wachstum von Pflanzen, die Energiegewinnung in unseren Zellen, die Verdauung von Nahrung und vieles mehr. Indem wir die Bedeutung chemischer Reaktionen in der Natur verstehen, können wir auch besser verstehen, wie die Welt um uns herum funktioniert.

DIE BEDEUTUNG VON CHEMISCHEN REAKTIONEN IN DER TECHNIK

Chemische Reaktionen spielen eine wichtige Rolle in der Technik. Sie ermöglichen es uns, neue Materialien herzustellen, Energie zu erzeugen und verschiedene Geräte und Maschinen zu entwickeln. In diesem Abschnitt werden wir uns genauer mit der Bedeutung von chemischen Reaktionen in der Technik befassen.

DIE ENTWICKLUNG NEUER MATERIALIEN

Chemische Reaktionen sind entscheidend für die Entwicklung neuer Materialien in der Technik. Durch das Kombinieren verschiedener chemischer Substanzen können wir Materialien mit spezifischen Eigenschaften herstellen. Zum Beispiel werden Kunststoffe durch chemische Reaktionen hergestellt. Diese

Materialien sind leicht, flexibel und haben eine hohe Beständigkeit gegenüber Hitze und Chemikalien. Sie werden in vielen Bereichen der Technik eingesetzt, wie zum Beispiel in der Automobilindustrie, der Elektronik und der Verpackungsindustrie.

Ein weiteres Beispiel für die Bedeutung von chemischen Reaktionen in der Materialentwicklung ist die Herstellung von Metallen. Durch chemische Reaktionen können wir Metalle aus Erzen gewinnen und sie zu verschiedenen Formen und Größen verarbeiten. Metalle werden in der Technik für ihre Festigkeit, Haltbarkeit und Leitfähigkeit geschätzt und finden Anwendung in der Bauindustrie, der Elektronik und der Fahrzeugherstellung.

DIE ERZEUGUNG VON ENERGIE

Chemische Reaktionen spielen auch eine wichtige Rolle bei der Erzeugung von Energie in der Technik. Ein Beispiel dafür ist die Verbrennung von fossilen Brennstoffen wie Kohle, Öl und Gas. Bei der Verbrennung dieser Brennstoffe reagieren sie mit Sauerstoff und setzen dabei Energie frei. Diese Energie wird dann genutzt, um Elektrizität zu erzeugen, Maschinen anzutreiben und Häuser zu heizen.

Ein weiteres Beispiel für die Erzeugung von Energie durch chemische Reaktionen ist die Batterietechnologie. Batterien enthalten chemische Substanzen, die miteinander reagieren und dabei elektrische Energie erzeugen. Diese Energie kann dann in elektronischen Geräten wie Handys, Laptops und Elektroautos genutzt werden. Die Entwicklung effizienter Batterien ist von großer Bedeutung für die Zukunft der erneuerbaren Energien und der Elektromobilität.

DIE ENTWICKLUNG VON GERÄTEN UND MASCHINEN

Chemische Reaktionen sind auch entscheidend für die Entwicklung von Geräten und Maschinen in der Technik. Zum Beispiel basieren viele chemische Sensoren auf chemischen Reaktionen. Diese

Sensoren können verschiedene Stoffe in der Umgebung erkennen und messen. Sie werden in der Umweltüberwachung, der Lebensmittelindustrie und der Medizin eingesetzt.

Ein weiteres Beispiel sind chemische Reaktoren, die in der chemischen Industrie verwendet werden. Diese Reaktoren ermöglichen es, chemische Reaktionen in kontrollierter Weise ablaufen zu lassen, um gewünschte Produkte herzustellen. Sie werden in der Herstellung von Medikamenten, Kunststoffen und vielen anderen Produkten eingesetzt.

DIE SICHERHEIT IN DER TECHNIK

Chemische Reaktionen spielen auch eine wichtige Rolle bei der Sicherheit in der Technik. Zum Beispiel werden chemische Reaktionen zur Herstellung von Brandschutzmaterialien verwendet. Diese Materialien verlangsamen oder verhindern die Ausbreitung von Feuer und schützen so Gebäude und Menschenleben.

Ein weiteres Beispiel ist die Verwendung von chemischen Reaktionen zur Reinigung von Abwasser. Durch chemische Reaktionen können schädliche Substanzen im Abwasser neutralisiert oder entfernt werden, bevor es in die Umwelt gelangt. Dies trägt zur Erhaltung der Umwelt bei und schützt die Gesundheit der Menschen.

Insgesamt spielen chemische Reaktionen eine entscheidende Rolle in der Technik. Sie ermöglichen die Entwicklung neuer Materialien, die Erzeugung von Energie, die Entwicklung von Geräten und Maschinen und tragen zur Sicherheit in der Technik bei. Ohne chemische Reaktionen wäre die moderne Technik nicht möglich.

DIE SÄUREN UND BASEN

WAS SIND SÄUREN UND BASEN?

Säuren und Basen sind wichtige Bestandteile der Chemie. Sie spielen eine entscheidende Rolle in unserem Alltag und haben verschiedene Eigenschaften und Reaktionen. In diesem Abschnitt werden wir uns genauer mit Säuren und Basen befassen und ihre Bedeutung verstehen.

DIE DEFINITION VON SÄUREN UND BASEN

Säuren und Basen sind zwei Arten von chemischen Verbindungen. Säuren sind Stoffe, die in Wasser gelöst oder in Wasser reagieren und dabei Wasserstoffionen ($H+$) abgeben können. Basen hingegen sind Stoffe, die in Wasser gelöst oder in Wasser reagieren und dabei Hydroxidionen ($OH-$) abgeben können. Diese Definitionen basieren auf dem Konzept des pH-Werts, der den sauren oder basischen Charakter einer Lösung angibt.

DIE EIGENSCHAFTEN VON SÄUREN

Säuren haben bestimmte Eigenschaften, die sie von anderen Stoffen unterscheiden. Eine der wichtigsten Eigenschaften von Säuren ist ihre Fähigkeit, in Wasser gelöst oder in Wasser reagiert zu werden und dabei Wasserstoffionen ($H+$) abzugeben. Säuren schmecken oft sauer und können bestimmte Materialien wie Metalle korrodieren. Ein bekanntes Beispiel für eine Säure ist die Zitronensäure, die in Zitronen vorkommt.

DIE EIGENSCHAFTEN VON BASEN

Basen haben ebenfalls spezifische Eigenschaften. Sie können in Wasser gelöst oder in Wasser reagiert werden und dabei

Hydroxidionen (OH-) abgeben. Basen schmecken oft bitter und fühlen sich glatt an. Ein Beispiel für eine Base ist Natronlauge, die in vielen Reinigungsmitteln vorkommt.

DER PH-WERT

Der pH-Wert ist eine Skala, die den sauren oder basischen Charakter einer Lösung angibt. Der pH-Wert reicht von 0 bis 14, wobei 7 den neutralen Bereich darstellt. Eine Lösung mit einem pH-Wert unter 7 wird als sauer bezeichnet, während eine Lösung mit einem pH-Wert über 7 als basisch gilt. Je niedriger der pH-Wert, desto saurer ist die Lösung, und je höher der pH-Wert, desto basischer ist die Lösung.

DIE REAKTIONEN VON SÄUREN UND BASEN

Säuren und Basen können miteinander reagieren und dabei eine sogenannte Neutralisationsreaktion bilden. Bei dieser Reaktion werden die Wasserstoffionen (H+) der Säure mit den Hydroxidionen (OH-) der Base zu Wasser (H_2O) kombiniert. Ein Beispiel für eine solche Reaktion ist die Reaktion von Salzsäure (HCl) mit Natronlauge (NaOH), bei der Salz (NaCl) und Wasser (H_2O) entstehen.

DIE BEDEUTUNG VON SÄUREN UND BASEN IM ALLTAG

Säuren und Basen spielen eine wichtige Rolle in unserem Alltag. Viele Lebensmittel enthalten natürliche Säuren, die ihnen ihren charakteristischen Geschmack verleihen. Zum Beispiel enthält Orangensaft Zitronensäure und Cola enthält Phosphorsäure. Säuren werden auch in der Lebensmittelindustrie verwendet, um Lebensmittel haltbar zu machen oder den pH-Wert zu regulieren.

Basen finden ebenfalls in verschiedenen Bereichen Anwendung. Zum Beispiel werden sie in Reinigungsmitteln verwendet, um Fett und Schmutz zu lösen. Basen werden auch in der Landwirtschaft eingesetzt, um den pH-Wert des Bodens zu regulieren und das Pflanzenwachstum zu verbessern.

In der Medizin spielen Säuren und Basen eine wichtige Rolle bei der Regulierung des pH-Werts im Körper. Der pH-Wert des Blutes muss beispielsweise innerhalb eines bestimmten Bereichs bleiben, um eine normale Funktion des Körpers zu gewährleisten.

ZUSAMMENFASSUNG

Säuren und Basen sind wichtige Bestandteile der Chemie. Säuren geben Wasserstoffionen (H+) ab, während Basen Hydroxidionen (OH-) abgeben. Der pH-Wert ist eine Skala, die den sauren oder basischen Charakter einer Lösung angibt. Säuren und Basen können miteinander reagieren und eine Neutralisationsreaktion bilden. Säuren und Basen haben verschiedene Anwendungen in unserem Alltag, von der Lebensmittelindustrie über die Reinigungsmittel bis hin zur Medizin.

DIE EIGENSCHAFTEN VON SÄUREN UND BASEN

Säuren und Basen sind zwei wichtige Kategorien von chemischen Verbindungen. In diesem Abschnitt werden wir uns genauer mit ihren Eigenschaften befassen.

SÄUREN

Säuren sind chemische Verbindungen, die in der Lage sind, Protonen abzugeben. Ein Proton ist ein positiv geladenes Teilchen, das in den Atomkern gehört. Säuren haben einen sauren Geschmack und können bestimmte Metalle korrodieren. Ein bekanntes Beispiel für eine Säure ist die Zitronensäure, die in Zitronen und anderen Zitrusfrüchten vorkommt.

Säuren haben einige charakteristische Eigenschaften. Sie können beispielsweise Indikatoren wie Lackmus oder Universalindikator rot färben. Dies liegt daran, dass sie in Wasser gelöst H3O+-Ionen bilden, die sauer reagieren. Säuren können auch andere Substanzen wie Metalle oder Carbonate angreifen und dabei Gas freisetzen. Ein Beispiel dafür ist die Reaktion von Salzsäure mit Zink, bei der Wasserstoffgas entsteht.

BASEN

Basen sind chemische Verbindungen, die in der Lage sind, Protonen aufzunehmen. Sie haben einen bitteren Geschmack und fühlen sich oft glatt an. Ein bekanntes Beispiel für eine Base ist Natronlauge, die in vielen Haushaltsreinigern enthalten ist.

Basen haben ebenfalls charakteristische Eigenschaften. Sie können Indikatoren wie Lackmus oder Universalindikator blau färben. Dies liegt daran, dass sie in Wasser gelöst OH--Ionen bilden, die basisch reagieren. Basen können auch Säuren neutralisieren. Bei der Reaktion mit Säuren entstehen Salze und Wasser. Ein Beispiel dafür ist die Reaktion von Natronlauge mit Salzsäure, bei der Kochsalz und Wasser entstehen.

DER PH-WERT

Der pH-Wert ist eine Maßeinheit, die den sauren oder basischen Charakter einer Lösung angibt. Er reicht von 0 bis 14, wobei 7 den neutralen Bereich darstellt. Eine Lösung mit einem pH-Wert unter 7 ist sauer, während eine Lösung mit einem pH-Wert über 7 basisch ist.

Säuren haben einen pH-Wert unter 7, wobei der pH-Wert umso niedriger ist, je saurer die Lösung ist. Basen haben einen pH-Wert über 7, wobei der pH-Wert umso höher ist, je basischer die Lösung ist. Der pH-Wert kann mit speziellen Indikatoren oder pH-Papier gemessen werden.

DIE STÄRKE VON SÄUREN UND BASEN

Säuren und Basen können unterschiedliche Stärken haben. Die Stärke einer Säure hängt davon ab, wie leicht sie Protonen abgeben kann. Starke Säuren geben Protonen leicht ab, während schwache Säuren Protonen nur schwer abgeben können.

Ähnlich ist es bei Basen. Starke Basen können leicht Protonen aufnehmen, während schwache Basen Protonen nur schwer aufnehmen können. Die Stärke von Säuren und Basen kann durch den pH-Wert oder durch spezielle Indikatoren bestimmt werden.

DIE BEDEUTUNG VON SÄUREN UND BASEN IM ALLTAG

Säuren und Basen spielen eine wichtige Rolle in unserem Alltag. Viele Lebensmittel enthalten natürliche Säuren, die ihnen ihren charakteristischen Geschmack verleihen. Zum Beispiel enthält Orangensaft Zitronensäure und Joghurt enthält Milchsäure.

Basen werden in vielen Haushaltsprodukten verwendet, wie zum Beispiel Reinigungsmitteln. Sie helfen dabei, Fett und Schmutz zu lösen und Oberflächen sauber zu halten. Ein Beispiel für eine Base im Haushalt ist Backpulver, das beim Backen verwendet wird.

Säuren und Basen sind auch in der Medizin von Bedeutung. Zum Beispiel werden Säuren zur Behandlung von Verdauungsstörungen eingesetzt, während Basen zur Neutralisierung von Säuren bei Sodbrennen verwendet werden.

In der Natur spielen Säuren und Basen eine wichtige Rolle bei der Regulierung des pH-Werts in Gewässern und im Boden. Ein zu hoher oder zu niedriger pH-Wert kann das Leben von Pflanzen und Tieren beeinflussen.

In der Technik werden Säuren und Basen in vielen industriellen Prozessen eingesetzt, wie zum Beispiel bei der Herstellung von Kunststoffen oder bei der Wasserreinigung.

Die Eigenschaften von Säuren und Basen sind also vielfältig und haben eine große Bedeutung in unserem Alltag, in der Natur und in der Technik. Es ist wichtig, sie zu verstehen, um die Welt um uns herum besser zu begreifen.

DIE REAKTIONEN VON SÄUREN UND BASEN

Säuren und Basen sind zwei wichtige Kategorien von chemischen Verbindungen. In diesem Abschnitt werden wir uns mit den Reaktionen befassen, die zwischen Säuren und Basen auftreten können.

DIE NEUTRALISATION

Eine der wichtigsten Reaktionen zwischen Säuren und Basen ist die Neutralisation. Bei dieser Reaktion reagieren Säuren und Basen miteinander und bilden ein Salz und Wasser. Die Säure gibt dabei ihre positiv geladenen Wasserstoffionen (H+) ab, während die Base ihre negativ geladenen Hydroxidionen (OH-) abgibt. Diese Ionen reagieren miteinander und bilden Wasser (H_2O). Das entstandene Salz hat weder saure noch basische Eigenschaften und ist daher neutral.

Ein Beispiel für eine Neutralisationsreaktion ist die Reaktion zwischen Salzsäure (HCl) und Natronlauge (NaOH). Bei dieser Reaktion entsteht Natriumchlorid (NaCl) und Wasser (H_2O):

$$HCl + NaOH \rightarrow NaCl + H_2O$$

DER PH-WERT

Der pH-Wert ist ein Maß für den Säuregehalt einer Lösung. Er reicht von 0 bis 14, wobei 0 sehr sauer und 14 sehr basisch ist. Ein pH-Wert von 7 bedeutet, dass die Lösung neutral ist. Säuren haben einen pH-Wert unter 7, während Basen einen pH-Wert über 7 haben.

Bei einer Neutralisationsreaktion zwischen einer Säure und einer Base wird der pH-Wert der Lösung verändert. Wenn eine saure Lösung mit einer basischen Lösung reagiert, wird der pH-Wert erhöht und die Lösung wird weniger sauer. Umgekehrt wird der pH-Wert einer basischen Lösung durch die Reaktion mit einer Säure verringert und die Lösung wird weniger basisch.

DIE STÄRKE VON SÄUREN UND BASEN

Säuren und Basen können unterschiedliche Stärken haben. Die Stärke einer Säure oder Base hängt von der Menge der abgegebenen bzw. aufgenommenen Wasserstoff- bzw. Hydroxidionen ab. Starke Säuren geben viele Wasserstoffionen ab, während schwache Säuren nur wenige abgeben. Gleiches gilt für Basen: Starke Basen geben viele Hydroxidionen ab, während schwache Basen nur wenige abgeben.

Die Stärke einer Säure oder Base kann durch den pH-Wert bestimmt werden. Eine starke Säure hat einen niedrigen pH-Wert, während eine schwache Säure einen höheren pH-Wert hat. Bei Basen ist es umgekehrt: Eine starke Base hat einen hohen pH-Wert, während eine schwache Base einen niedrigeren pH-Wert hat.

DIE BEDEUTUNG VON SÄUREN UND BASEN IM ALLTAG

Säuren und Basen spielen eine wichtige Rolle in unserem Alltag. Viele alltägliche Produkte und Substanzen sind sauer oder basisch. Zum Beispiel sind viele Lebensmittel sauer, wie Zitronen oder Essig. Diese enthalten natürliche Säuren, die ihnen ihren charakteristischen Geschmack verleihen.

Säuren und Basen werden auch in der Reinigung verwendet. Zum Beispiel ist Essig eine natürliche Säure, die als Reinigungsmittel verwendet werden kann. Basen wie Natronlauge werden in vielen Reinigungsmitteln eingesetzt, um Fett und Schmutz zu lösen.

In der Medizin spielen Säuren und Basen ebenfalls eine wichtige Rolle. Zum Beispiel werden Magensäure und basische Antazida zur Behandlung von Magenproblemen eingesetzt. Säuren und Basen werden auch in der Herstellung von Medikamenten verwendet.

In der Technik werden Säuren und Basen für verschiedene Zwecke eingesetzt. Zum Beispiel werden Batterien mit Säuren betrieben. Säuren und Basen werden auch in der Metallverarbeitung verwendet, um Metalle zu reinigen und zu behandeln.

Die Reaktionen von Säuren und Basen sind also nicht nur in der Chemie von Bedeutung, sondern haben auch praktische Anwendungen in unserem Alltag, in der Medizin und in der Technik.

DIE BEDEUTUNG VON SÄUREN UND BASEN IM ALLTAG

Säuren und Basen sind uns im Alltag oft begegnet, auch wenn wir es vielleicht nicht immer bemerken. Sie spielen eine wichtige Rolle in vielen Bereichen unseres täglichen Lebens, von der Küche bis zur Medizin. In diesem Abschnitt werden wir uns genauer mit der Bedeutung von Säuren und Basen im Alltag beschäftigen.

SÄUREN UND BASEN IN DER KÜCHE

In der Küche kommen wir regelmäßig mit Säuren und Basen in Kontakt. Zum Beispiel ist Zitronensaft eine Säure, die in vielen Rezepten verwendet wird, um den Geschmack von Speisen zu verbessern. Säuren wie Essig werden auch zum Konservieren von Lebensmitteln verwendet. Auf der anderen Seite haben wir Basen wie Backpulver, die beim Backen verwendet werden, um den Teig aufgehen zu lassen. Säuren und Basen spielen also eine wichtige Rolle bei der Zubereitung von Lebensmitteln.

SÄUREN UND BASEN IM HAUSHALT

Auch im Haushalt sind Säuren und Basen von großer Bedeutung. Zum Beispiel verwenden wir saure Reinigungsmittel wie Essig oder Zitronensäure, um Kalkablagerungen zu entfernen. Basische Reinigungsmittel wie Seifen und Reinigungsmittel helfen uns dabei, Fett und Schmutz zu lösen. Säuren und Basen sind also unverzichtbar, um unseren Haushalt sauber und hygienisch zu halten.

SÄUREN UND BASEN IN DER NATUR

Säuren und Basen spielen auch eine wichtige Rolle in der Natur. Regenwasser ist leicht sauer, da es Kohlendioxid aus der Luft aufnimmt und sich in Kohlensäure umwandelt. Diese Säure kann den pH-Wert von Gewässern beeinflussen und Auswirkungen auf die darin lebenden Organismen haben. Basische Substanzen wie Kalkstein können auch in der Natur vorkommen und beeinflussen die Umwelt.

SÄUREN UND BASEN IN DER MEDIZIN

In der Medizin spielen Säuren und Basen eine wichtige Rolle. Zum Beispiel werden saure Substanzen wie Ascorbinsäure (Vitamin C) als Nahrungsergänzungsmittel verwendet, um den Körper mit wichtigen Nährstoffen zu versorgen. Basische Substanzen wie Antazida werden zur Behandlung von Sodbrennen eingesetzt, da sie überschüssige Magensäure neutralisieren können. Säuren und Basen sind also auch in der Medizin von großer Bedeutung.

SÄUREN UND BASEN IN DER TECHNIK

Auch in der Technik spielen Säuren und Basen eine wichtige Rolle. Zum Beispiel werden Batterien mit Hilfe von Säuren und Basen betrieben. Säure-Basen-Reaktionen werden auch in der Galvanotechnik verwendet, um Metalle zu beschichten. Säuren und Basen sind also unverzichtbar für viele technische Anwendungen.

DIE BEDEUTUNG DER SÄUREN UND BASEN FÜR UNSERE ZUKUNFT

Die Bedeutung von Säuren und Basen für unsere Zukunft kann nicht unterschätzt werden. Sie spielen eine wichtige Rolle in vielen Bereichen, von der Lebensmittelproduktion bis zur Energieerzeugung. Es ist wichtig, dass wir die Eigenschaften von Säuren und Basen verstehen und verantwortungsbewusst mit ihnen umgehen, um eine nachhaltige Zukunft zu gewährleisten.

In diesem Abschnitt haben wir gesehen, wie Säuren und Basen im Alltag eine wichtige Rolle spielen. Von der Küche über den Haushalt bis zur Medizin und Technik sind sie unverzichtbar. Es ist faszinierend zu sehen, wie Chemie in unserem täglichen Leben präsent ist und wie sie uns dabei hilft, die Welt um uns herum besser zu verstehen.

DIE ATOME UND MOLEKÜLE

DIE BAUSTEINE DER MATERIE

In der Chemie beschäftigen wir uns mit den Bausteinen der Materie, den kleinsten Teilchen, aus denen alle Stoffe bestehen. Diese winzigen Teilchen werden Atome genannt. Atome sind so klein, dass man sie mit bloßem Auge nicht sehen kann. Aber keine Sorge, wir werden sie gemeinsam erkunden!

WAS SIND ATOME?

Atome sind die kleinsten Bausteine der Materie. Sie sind so winzig, dass sie aus noch kleineren Teilchen bestehen. In der Mitte eines Atoms befindet sich der Atomkern, der aus Protonen und Neutronen besteht. Um den Atomkern herum kreisen Elektronen, die eine negative Ladung haben. Die Anzahl der Protonen im Atomkern bestimmt die Art des Atoms. Zum Beispiel hat ein Wasserstoffatom einen Protonen im Kern, während ein Sauerstoffatom acht Protonen hat.

DIE VERSCHIEDENEN ARTEN VON ATOMEN

Es gibt viele verschiedene Arten von Atomen, die jeweils unterschiedliche Eigenschaften haben. Jedes Element im Periodensystem besteht aus Atomen einer bestimmten Art. Zum Beispiel besteht Wasser aus Wasserstoff- und Sauerstoffatomen. Die Art der Atome bestimmt die Eigenschaften des Elements. Wasserstoff ist ein leichtes Gas, während Sauerstoff ein farbloses Gas ist.

DIE ANORDNUNG VON ATOMEN

Atome können sich auf verschiedene Arten anordnen, um
Moleküle zu bilden. Moleküle sind Gruppen von Atomen, die
miteinander verbunden sind. Die Art und Anzahl der Atome in
einem Molekül bestimmen die Eigenschaften des Moleküls. Zum
Beispiel besteht Wasser aus zwei Wasserstoffatomen und einem
Sauerstoffatom, die miteinander verbunden sind. Diese Anordnung
der Atome macht Wasser zu einer flüssigen Substanz.

DIE BEDEUTUNG VON ATOMEN IN DER CHEMIE

Atome sind von großer Bedeutung in der Chemie, da sie die
Grundbausteine aller Stoffe sind. Indem wir die Eigenschaften von
Atomen und die Art und Weise, wie sie miteinander interagieren,
verstehen, können wir die Eigenschaften von Stoffen und
chemischen Reaktionen erklären. Die Chemie hilft uns auch zu
verstehen, wie Atome in der Natur und in der Technik verwendet
werden.

In der Natur finden wir Atome in verschiedenen Formen. Zum
Beispiel besteht die Luft, die wir atmen, aus Sauerstoff- und
Stickstoffatomen. Pflanzen verwenden Kohlenstoffatome, um
Zucker herzustellen, während Tiere Kohlenstoffatome für ihre
Körperstrukturen verwenden. In der Technik werden Atome
verwendet, um neue Materialien zu entwickeln, wie zum Beispiel
Kunststoffe und Metalle.

Die Erforschung von Atomen hat zu vielen wichtigen
Entdeckungen geführt und unsere Welt verändert. Zum Beispiel
hat die Entdeckung der Atomstruktur zu Fortschritten in der
Medizin, der Energieerzeugung und der Materialwissenschaft
geführt. Die Kenntnis der Eigenschaften von Atomen hat es uns
ermöglicht, neue Medikamente zu entwickeln, effizientere
Energiequellen zu finden und bessere Materialien herzustellen.

In diesem Abschnitt haben wir die Grundlagen der Atome kennengelernt. Wir haben gelernt, dass Atome die Bausteine der Materie sind und dass sie sich zu Molekülen verbinden können. Atome sind von großer Bedeutung in der Chemie und spielen eine wichtige Rolle in der Natur und in der Technik. In den nächsten Abschnitten werden wir uns genauer mit der Bildung von Molekülen und den Eigenschaften von Molekülen befassen.

DIE BILDUNG VON MOLEKÜLEN

In Abschnitt vorher haben wir gelernt, dass Atome die Bausteine der Materie sind. Aber wie entstehen daraus Moleküle? In diesem Abschnitt werden wir uns genauer mit der Bildung von Molekülen befassen.

DIE BINDUNG VON ATOMEN

Um Moleküle zu bilden, müssen Atome miteinander verbunden werden. Dies geschieht durch chemische Bindungen. Es gibt verschiedene Arten von chemischen Bindungen, aber die häufigste ist die sogenannte kovalente Bindung.

Bei einer kovalenten Bindung teilen sich zwei Atome ein oder mehrere Elektronenpaare. Dadurch entsteht eine Verbindung zwischen den Atomen. Diese Bindung ist sehr stark und hält die Atome fest zusammen.

DIE LEWIS-STRUKTUR

Um die Bildung von Molekülen besser zu verstehen, können wir die Lewis-Struktur verwenden. Die Lewis-Struktur zeigt, wie die Atome in einem Molekül miteinander verbunden sind und wie die Elektronen auf die Atome verteilt sind.

In der Lewis-Struktur werden die Atome als Buchstaben dargestellt und die chemischen Bindungen als Striche zwischen den Atomen.

Die Elektronen werden als Punkte um die Atome herum dargestellt.

DIE ELEKTRONENVERTEILUNG

Die Elektronenverteilung in einem Molekül ist sehr wichtig, da sie die Eigenschaften des Moleküls bestimmt. Die Elektronen sind in verschiedenen Schalen um den Atomkern angeordnet. Die äußerste Schale, auch Valenzschale genannt, ist für die Bildung von chemischen Bindungen verantwortlich.

Die Atome streben danach, eine stabile Elektronenkonfiguration zu erreichen. Dies bedeutet, dass sie ihre Valenzschale mit Elektronen füllen möchten. Wenn die Atome Elektronen teilen, um eine kovalente Bindung zu bilden, können sie diese stabile Konfiguration erreichen.

DIE FORM VON MOLEKÜLEN

Die Form von Molekülen wird durch die Anordnung der Atome und die Art der chemischen Bindungen bestimmt. Es gibt verschiedene Möglichkeiten, wie Atome miteinander verbunden sein können, und jede Anordnung führt zu einer anderen Molekülform.

Einige Moleküle haben eine lineare Form, bei der die Atome in einer geraden Linie angeordnet sind. Andere Moleküle haben eine dreieckige Form oder eine tetraedrische Form, bei der die Atome in einem dreidimensionalen Raum angeordnet sind.

DIE EIGENSCHAFTEN VON MOLEKÜLEN

Die Eigenschaften von Molekülen hängen von ihrer Zusammensetzung und ihrer Form ab. Moleküle können unterschiedliche Eigenschaften wie Farbe, Geruch, Geschmack und Löslichkeit haben.

Die Art der chemischen Bindungen und die Art der Atome in einem Molekül bestimmen, wie stark die Moleküle miteinander interagieren. Diese Wechselwirkungen beeinflussen die physikalischen und chemischen Eigenschaften des Moleküls.

DIE BEDEUTUNG VON ATOMEN UND MOLEKÜLEN IN DER CHEMIE

Atome und Moleküle sind die Grundbausteine der Chemie. Sie sind überall um uns herum und spielen eine wichtige Rolle in unserem täglichen Leben.

In der Chemie verwenden wir Atome und Moleküle, um neue Verbindungen herzustellen und chemische Reaktionen zu verstehen. Durch das Verständnis der Bildung von Molekülen können wir die Eigenschaften und Verhalten von Stoffen besser erklären.

Die Kenntnis der Atome und Moleküle ermöglicht es uns auch, neue Materialien zu entwickeln, Medikamente herzustellen und Umweltprobleme zu lösen.

Insgesamt sind Atome und Moleküle die Bausteine der Chemie und spielen eine entscheidende Rolle in unserem Verständnis der Welt um uns herum.

DIE EIGENSCHAFTEN VON MOLEKÜLEN

Moleküle sind die Bausteine der Materie. Sie bestehen aus Atomen, die miteinander verbunden sind. Jedes Molekül hat seine eigenen einzigartigen Eigenschaften, die es von anderen Molekülen unterscheiden. In diesem Abschnitt werden wir uns genauer mit den Eigenschaften von Molekülen befassen.

DIE FORM VON MOLEKÜLEN

Moleküle können verschiedene Formen haben. Einige Moleküle sind linear, das bedeutet, dass die Atome in einer geraden Linie angeordnet sind. Andere Moleküle haben eine dreieckige Form oder sind sogar kugelförmig. Die Form eines Moleküls hängt von der Anzahl und Anordnung der Atome ab.

Die Form eines Moleküls kann seine Eigenschaften beeinflussen. Zum Beispiel können Moleküle mit einer linearen Form leichter miteinander reagieren als solche mit einer kugelförmigen Form. Die Form eines Moleküls kann auch seine Löslichkeit in verschiedenen Substanzen beeinflussen.

DIE POLARITÄT VON MOLEKÜLEN

Ein weiterer wichtiger Aspekt der Eigenschaften von Molekülen ist ihre Polarität. Polarität bezieht sich auf die Verteilung der Ladungen innerhalb eines Moleküls. Ein Molekül kann polar oder unpolar sein.

Polare Moleküle haben eine ungleiche Verteilung der Ladungen. Das bedeutet, dass ein Teil des Moleküls positiv geladen ist und ein anderer Teil negativ geladen ist. Diese Ladungsunterschiede führen dazu, dass polare Moleküle sich gegenseitig anziehen und bestimmte Eigenschaften aufweisen. Zum Beispiel sind polare Moleküle in der Regel wasserlöslich.

Unpolare Moleküle hingegen haben eine gleichmäßige Verteilung der Ladungen. Sie sind elektrisch neutral und haben keine positiven oder negativen Ladungen. Unpolare Moleküle sind oft nicht wasserlöslich und haben andere Eigenschaften als polare Moleküle.

DIE BINDUNGEN ZWISCHEN MOLEKÜLEN

Moleküle können durch verschiedene Arten von Bindungen miteinander verbunden sein. Die stärkste Art der Bindung zwischen Molekülen ist die sogenannte kovalente Bindung. Bei einer kovalenten Bindung teilen sich die beteiligten Atome Elektronen und bilden so eine gemeinsame Elektronenwolke. Diese Bindung ist sehr stabil und hält die Atome fest zusammen.

Es gibt auch schwächere Bindungen zwischen Molekülen, wie zum Beispiel Wasserstoffbrückenbindungen und Van-der-Waals-Kräfte. Diese Bindungen sind nicht so stark wie kovalente Bindungen, aber sie können dennoch wichtige Auswirkungen auf die Eigenschaften von Molekülen haben. Zum Beispiel sind Wasserstoffbrückenbindungen verantwortlich für die besonderen Eigenschaften von Wasser, wie seine hohe Oberflächenspannung und seine Fähigkeit, als Lösungsmittel zu dienen.

DIE EIGENSCHAFTEN VON MOLEKÜLEN IN DER CHEMIE

Die Eigenschaften von Molekülen sind von großer Bedeutung in der Chemie. Sie bestimmen, wie Moleküle miteinander reagieren und wie sie sich in verschiedenen Umgebungen verhalten. Die Kenntnis der Eigenschaften von Molekülen ermöglicht es Chemikern, neue Verbindungen zu synthetisieren und ihre Eigenschaften vorherzusagen.

Die Eigenschaften von Molekülen können auch in der Natur und in der Technik genutzt werden. Zum Beispiel werden bestimmte Moleküle in der Medizin verwendet, um Krankheiten zu behandeln. In der Technik werden Moleküle verwendet, um neue Materialien mit speziellen Eigenschaften herzustellen.

Insgesamt sind die Eigenschaften von Molekülen ein faszinierendes Thema in der Chemie. Sie ermöglichen es uns, die Welt um uns herum besser zu verstehen und neue Entdeckungen zu machen.

DIE BEDEUTUNG VON ATOMEN UND MOLEKÜLEN IN DER CHEMIE

Atome und Moleküle sind die Bausteine der Materie. In der Chemie spielen sie eine entscheidende Rolle, da sie die Grundlage für chemische Reaktionen und die Bildung neuer Substanzen bilden. In diesem Abschnitt werden wir uns genauer mit der Bedeutung von Atomen und Molekülen in der Chemie befassen.

DIE STRUKTUR VON ATOMEN

Atome sind winzige Teilchen, aus denen alle Materie besteht. Sie bestehen aus einem Kern, der Protonen und Neutronen enthält, sowie Elektronen, die den Kern umkreisen. Jedes Atom hat eine einzigartige Anzahl von Protonen, Neutronen und Elektronen, die seine chemischen Eigenschaften bestimmen.

DIE BILDUNG VON MOLEKÜLEN

Moleküle entstehen, wenn zwei oder mehr Atome chemisch miteinander verbunden sind. Diese Verbindungen können durch chemische Reaktionen entstehen, bei denen Atome Elektronen teilen oder übertragen. Die Art und Weise, wie Atome miteinander verbunden sind, bestimmt die Eigenschaften des resultierenden Moleküls.

DIE EIGENSCHAFTEN VON MOLEKÜLEN

Moleküle haben verschiedene Eigenschaften, die von der Art und Anzahl der Atome abhängen, aus denen sie bestehen. Zum Beispiel bestimmt die Anzahl der Wasserstoff- und Sauerstoffatome in einem Wassermolekül seine Eigenschaften wie den Aggregatzustand (flüssig, fest oder gasförmig) und seine Fähigkeit, andere Substanzen zu lösen.

DIE BEDEUTUNG VON ATOMEN UND MOLEKÜLEN IN DER CHEMIE

Atome und Moleküle sind von großer Bedeutung in der Chemie. Sie ermöglichen es uns, die Eigenschaften von Stoffen zu verstehen und chemische Reaktionen vorherzusagen. Durch das Studium von Atomen und Molekülen können wir auch neue Materialien entwickeln und die Eigenschaften von Substanzen gezielt verändern.

In der Chemie werden Atome und Moleküle verwendet, um neue Verbindungen herzustellen, Medikamente zu entwickeln, Lebensmittel zu analysieren und vieles mehr. Ohne das Verständnis von Atomen und Molekülen wäre die moderne Chemie und ihre Anwendungen nicht möglich.

DIE BEDEUTUNG VON ATOMEN UND MOLEKÜLEN IN DER NATUR

Atome und Moleküle spielen auch eine wichtige Rolle in der Natur. Sie sind die Bausteine für alle lebenden Organismen und ermöglichen es ihnen, zu wachsen, sich zu entwickeln und zu funktionieren. Zum Beispiel bestehen Proteine, die für den Aufbau von Gewebe und die Steuerung von Stoffwechselprozessen wichtig sind, aus langen Ketten von Aminosäuren, die wiederum aus Atomen bestehen.

Darüber hinaus sind Atome und Moleküle auch in der Umwelt von großer Bedeutung. Sie beeinflussen das Klima, die Zusammensetzung der Atmosphäre und den Kreislauf von Nährstoffen in Ökosystemen. Das Verständnis von Atomen und Molekülen hilft uns, die natürlichen Prozesse besser zu verstehen und Lösungen für Umweltprobleme zu finden.

DIE BEDEUTUNG VON ATOMEN UND MOLEKÜLEN IN DER TECHNIK

In der Technik spielen Atome und Moleküle eine wichtige Rolle bei der Entwicklung neuer Materialien und Technologien. Zum Beispiel werden in der Nanotechnologie winzige Partikel verwendet, die aus wenigen Atomen oder Molekülen bestehen. Diese Partikel haben einzigartige Eigenschaften und können in verschiedenen Anwendungen wie Elektronik, Medizin und Energie eingesetzt werden.

Darüber hinaus ermöglichen uns Atome und Moleküle auch die Herstellung von Kunststoffen, Metallen und anderen Materialien, die in der Technik weit verbreitet sind. Durch das Verständnis der chemischen Eigenschaften von Atomen und Molekülen können Ingenieure und Wissenschaftler neue Materialien entwickeln, die den Anforderungen moderner Technologien gerecht werden.

Insgesamt sind Atome und Moleküle die Grundbausteine der Chemie. Ihr Verständnis ist entscheidend, um die Eigenschaften von Stoffen zu verstehen, chemische Reaktionen vorherzusagen und neue Materialien zu entwickeln. Sie spielen eine wichtige Rolle in der Natur, der Technik und unserem Alltag. Die Chemie wäre ohne Atome und Moleküle nicht das, was sie heute ist.

DIE LÖSUNGEN UND GEMISCHE

WAS SIND LÖSUNGEN UND GEMISCHE?

In der Chemie gibt es viele verschiedene Arten von Stoffen. Einige Stoffe sind reine Substanzen, während andere aus verschiedenen Komponenten bestehen. Lösungen und Gemische gehören zu den Stoffen, die aus mehreren Komponenten bestehen.

Eine Lösung ist eine homogene Mischung aus mindestens zwei Stoffen. Das bedeutet, dass die verschiedenen Komponenten in einer Lösung gleichmäßig verteilt sind und man sie nicht mit bloßem Auge voneinander unterscheiden kann. Ein bekanntes Beispiel für eine Lösung ist Salzwasser. Wenn man Salz in Wasser auflöst, entsteht eine Lösung, in der das Salz gleichmäßig im Wasser verteilt ist.

Ein Gemisch hingegen ist eine heterogene Mischung aus verschiedenen Stoffen. Das bedeutet, dass die Komponenten in einem Gemisch nicht gleichmäßig verteilt sind und man sie mit bloßem Auge voneinander unterscheiden kann. Ein Beispiel für ein Gemisch ist Sand und Kies. Wenn man Sand und Kies zusammenmischt, entsteht ein Gemisch, in dem man die einzelnen Bestandteile erkennen kann.

Es gibt verschiedene Arten von Lösungen und Gemischen. Eine Lösung kann aus einem festen Stoff und einem flüssigen Stoff bestehen, wie zum Beispiel Salzwasser. Eine Lösung kann aber auch aus zwei flüssigen Stoffen bestehen, wie zum Beispiel Alkohol und Wasser. In diesem Fall spricht man von einer Flüssig-Flüssig-Lösung.

Ein Gemisch kann aus festen Stoffen bestehen, wie zum Beispiel Sand und Kies. Man spricht dann von einem Feststoffgemisch. Ein Gemisch kann aber auch aus einem festen Stoff und einer

Flüssigkeit bestehen, wie zum Beispiel Sand und Wasser. In diesem Fall spricht man von einer Suspension.

Es gibt auch Gemische, die aus zwei Flüssigkeiten bestehen, die sich nicht miteinander vermischen lassen. Ein Beispiel dafür ist Öl und Wasser. Wenn man Öl und Wasser zusammenmischt, entsteht eine Emulsion. Das Öl bildet kleine Tröpfchen in der Wasserphase, die sich nicht auflösen.

Lösungen und Gemische können auf verschiedene Weise getrennt werden. Eine Möglichkeit ist die Filtration. Dabei wird das Gemisch durch ein Filterpapier geleitet, das die festen Bestandteile zurückhält und die Flüssigkeit durchlässt. Eine andere Möglichkeit ist die Destillation. Dabei wird das Gemisch erhitzt, sodass die Komponenten mit unterschiedlichen Siedepunkten verdampfen und anschließend wieder kondensieren.

Lösungen und Gemische spielen eine wichtige Rolle in unserem Alltag. Viele Produkte, die wir täglich verwenden, bestehen aus Lösungen oder Gemischen. Zum Beispiel sind viele Getränke, wie Limonade oder Saft, Lösungen aus verschiedenen Zutaten. Auch viele Kosmetikprodukte, wie Shampoo oder Cremes, sind Gemische aus verschiedenen Inhaltsstoffen.

In der Natur kommen ebenfalls viele Lösungen und Gemische vor. Zum Beispiel ist der Boden eine Mischung aus verschiedenen Mineralien und organischen Stoffen. Auch das Meerwasser ist eine Lösung aus verschiedenen Salzen.

In der Chemie ist es wichtig, Lösungen und Gemische zu verstehen, da sie die Grundlage für viele chemische Reaktionen bilden. Chemische Reaktionen können nur stattfinden, wenn die beteiligten Stoffe in Lösung oder als Gemisch vorliegen.

Lösungen und Gemische sind also ein spannendes Thema in der Chemie und haben eine große Bedeutung in unserem Alltag. Es lohnt sich, mehr darüber zu erfahren und zu verstehen, wie sie entstehen und wie man sie trennen kann.

DIE ARTEN VON LÖSUNGEN UND GEMISCHEN

In diesem Abschnitt werden wir uns mit den verschiedenen Arten von Lösungen und Gemischen befassen. Du hast bereits gelernt, dass Lösungen und Gemische aus verschiedenen Stoffen bestehen können. Aber wusstest du, dass es unterschiedliche Arten von Lösungen und Gemischen gibt? Lass uns genauer hinschauen!

HOMOGENE LÖSUNGEN

Eine homogene Lösung ist eine Mischung, bei der die einzelnen Bestandteile nicht sichtbar sind. Das bedeutet, dass alle Teilchen gleichmäßig verteilt sind und sich nicht voneinander trennen lassen. Ein Beispiel für eine homogene Lösung ist Salzwasser. Wenn du Salz in Wasser auflöst, entsteht eine klare Flüssigkeit, in der das Salz nicht mehr zu sehen ist. Das Salz ist gleichmäßig im Wasser verteilt.

HETEROGENE LÖSUNGEN

Im Gegensatz zu homogenen Lösungen sind heterogene Lösungen Mischungen, bei denen die einzelnen Bestandteile sichtbar sind. Die Teilchen in einer heterogenen Lösung können sich voneinander trennen lassen. Ein Beispiel für eine heterogene Lösung ist Orangensaft mit Fruchtfleisch. Wenn du Orangensaft auspresst, siehst du kleine Stücke von Fruchtfleisch, die sich nicht vollständig mit dem Saft vermischt haben.

SUSPENSIONEN

Suspensionen sind eine spezielle Art von heterogenen Lösungen. Sie bestehen aus festen Teilchen, die in einer Flüssigkeit schweben. Diese Teilchen sind größer als die Teilchen in einer

Lösung und setzen sich nach einer Weile am Boden ab. Ein Beispiel für eine Suspension ist Sand in Wasser. Wenn du Sand in Wasser gibst und gut umrührst, siehst du, dass sich der Sand langsam am Boden absetzt.

EMULSIONEN

Emulsionen sind Mischungen aus zwei nicht mischbaren Flüssigkeiten, die normalerweise nicht miteinander vermischen würden. Ein Beispiel für eine Emulsion ist Milch. Milch besteht aus Wasser und Fett, die normalerweise nicht miteinander vermischbar sind. Durch das Rühren beim Melken wird das Fett jedoch in winzige Tröpfchen verteilt und bleibt in der Flüssigkeit suspendiert.

LEGIERUNGEN

Legierungen sind Mischungen aus Metallen. Sie entstehen, indem zwei oder mehr Metalle miteinander vermischt werden. Ein bekanntes Beispiel für eine Legierung ist Bronze, eine Mischung aus Kupfer und Zinn. Legierungen haben oft besondere Eigenschaften, die sie für bestimmte Anwendungen geeignet machen. Zum Beispiel ist Bronze sehr hart und wird häufig für die Herstellung von Statuen und Musikinstrumenten verwendet.

GEMENGE

Ein Gemenge ist eine Mischung aus verschiedenen festen Stoffen. Anders als bei Lösungen sind die einzelnen Bestandteile in einem Gemenge nicht miteinander verbunden. Ein Beispiel für ein Gemenge ist ein Salat. In einem Salat findest du verschiedene Zutaten wie Tomaten, Gurken und Salatblätter, die alle separat voneinander existieren.

Jetzt kennst du die verschiedenen Arten von Lösungen und Gemischen. Es ist wichtig zu verstehen, dass diese Arten von

Mischungen unterschiedliche Eigenschaften haben und sich auf verschiedene Weise verhalten. Indem du mehr über Lösungen und Gemische lernst, wirst du die Welt um dich herum besser verstehen können.

DIE TRENNUNG VON LÖSUNGEN UND GEMISCHEN

In diesem Abschnitt werden wir uns damit beschäftigen, wie man Lösungen und Gemische trennen kann. Manchmal möchten wir bestimmte Stoffe aus einer Lösung oder einem Gemisch isolieren, um sie weiter zu untersuchen oder für andere Zwecke zu verwenden. Es gibt verschiedene Methoden, um dies zu erreichen.

FILTRATION

Die Filtration ist eine Methode, um feste Teilchen aus einer Flüssigkeit zu trennen. Dazu wird ein Filter verwendet, der die festen Teilchen zurückhält, während die Flüssigkeit hindurchfließt. Ein Beispiel für die Filtration ist das Kaffeekochen. Der Kaffeesatz bleibt im Filter zurück, während der Kaffee durchläuft und in der Kaffeekanne landet.

DESTILLATION

Die Destillation ist eine Methode, um Flüssigkeiten mit unterschiedlichen Siedepunkten zu trennen. Dabei wird die Mischung erhitzt, bis die Flüssigkeit mit dem niedrigsten Siedepunkt verdampft. Der Dampf wird dann kondensiert und aufgefangen. Ein bekanntes Beispiel für die Destillation ist die Herstellung von Alkohol. Durch Destillation kann man den Alkohol von anderen Bestandteilen der Mischung trennen.

EXTRAKTION

Die Extraktion ist eine Methode, um einen Stoff aus einer Mischung zu isolieren, indem man ihn mit einem geeigneten

Lösungsmittel extrahiert. Das Lösungsmittel löst den gewünschten Stoff auf, während die anderen Bestandteile der Mischung ungelöst bleiben. Ein Beispiel für die Extraktion ist die Herstellung von Tee. Das Wasser dient als Lösungsmittel, um die Aromastoffe aus den Teeblättern zu extrahieren.

CHROMATOGRAPHIE

Die Chromatographie ist eine Methode, um verschiedene Bestandteile einer Mischung zu trennen. Dabei wird die Mischung auf einen Träger aufgetragen und durch ein Lösungsmittel transportiert. Die verschiedenen Bestandteile bewegen sich mit unterschiedlichen Geschwindigkeiten und werden dadurch voneinander getrennt. Die Chromatographie wird häufig in der chemischen Analyse verwendet, um Substanzen zu identifizieren und zu trennen.

SEDIMENTATION UND DEKANTATION

Die Sedimentation und Dekantation sind Methoden, um feste Teilchen von einer Flüssigkeit zu trennen. Bei der Sedimentation setzen sich die festen Teilchen aufgrund ihrer höheren Dichte am Boden des Behälters ab. Die Flüssigkeit kann dann vorsichtig abgegossen oder abgesaugt werden, um die festen Teilchen zu trennen. Dies wird als Dekantation bezeichnet. Ein Beispiel für die Sedimentation und Dekantation ist das Abgießen von Wasser nach dem Waschen von Reis. Das Wasser wird abgegossen, während der Reis am Boden des Behälters bleibt.

KRISTALLISATION

Die Kristallisation ist eine Methode, um feste Stoffe aus einer Lösung zu gewinnen. Dazu wird die Lösung langsam abgekühlt, sodass die gelösten Stoffe allmählich auskristallisieren. Die Kristalle können dann abgetrennt und getrocknet werden. Ein Beispiel für die Kristallisation ist die Herstellung von Salz. Durch

Verdunstung des Wassers aus einer Salzlösung entstehen Salzkristalle.

Die Trennung von Lösungen und Gemischen ist ein wichtiger Schritt in der chemischen Analyse und in vielen industriellen Prozessen. Durch das Verständnis dieser Trennungsmethoden können wir Stoffe isolieren und weiter erforschen, um mehr über ihre Eigenschaften und Verwendungsmöglichkeiten zu erfahren.

DIE BEDEUTUNG VON LÖSUNGEN UND GEMISCHEN IN UNSEREM ALLTAG

Lösungen und Gemische spielen eine wichtige Rolle in unserem täglichen Leben. Sie sind in vielen Dingen, die wir verwenden, enthalten, und sie ermöglichen uns, bestimmte Aufgaben zu erfüllen. Lass uns genauer betrachten, warum Lösungen und Gemische so bedeutsam sind.

ALLTÄGLICHE ANWENDUNGEN VON LÖSUNGEN

Lösungen finden wir in vielen Produkten, die wir täglich verwenden. Ein gutes Beispiel dafür ist Seife. Seife besteht aus einer Lösung von verschiedenen Substanzen, die uns helfen, unsere Hände sauber zu halten. Wenn wir unsere Hände mit Seife waschen, lösen sich Schmutz und Bakterien in der Lösung und werden weggespült. Dadurch bleiben unsere Hände sauber und hygienisch.

Ein weiteres Beispiel für eine Lösung ist Limonade. Limonade besteht aus Wasser, Zucker und Zitronensaft. Wenn wir den Zucker in Wasser auflösen und Zitronensaft hinzufügen, entsteht eine erfrischende Lösung, die wir gerne trinken. Die Lösung ermöglicht es uns, den Geschmack von Zucker und Zitronensaft gleichmäßig zu verteilen, sodass wir ein angenehmes Geschmackserlebnis haben.

GEMISCHE IN UNSEREM ALLTAG

Gemische sind eine Kombination aus verschiedenen Substanzen, die miteinander vermischt sind, aber ihre individuellen Eigenschaften beibehalten. Ein Beispiel für ein Gemisch ist Luft. Luft besteht aus einer Mischung von Gasen wie Sauerstoff, Stickstoff und Kohlendioxid. Wir atmen Luft ein, um Sauerstoff aufzunehmen, den unser Körper zum Atmen benötigt.

Ein weiteres Beispiel für ein Gemisch ist Salzwasser. Salzwasser entsteht, wenn wir Salz in Wasser auflösen. Das Salz löst sich im Wasser auf und bildet eine Mischung. Salzwasser ist in vielen Meeren und Ozeanen zu finden. Es ist auch in einigen Seen und Flüssen vorhanden. Salzwasser hat eine andere Zusammensetzung als Süßwasser und beeinflusst das Leben in den Gewässern.

DIE BEDEUTUNG VON LÖSUNGEN UND GEMISCHEN IN DER TECHNIK

Lösungen und Gemische haben auch in der Technik eine große Bedeutung. Ein Beispiel dafür ist der Treibstoff für Autos. Benzin ist eine Lösung aus verschiedenen Kohlenwasserstoffen. Diese Lösung wird im Motor verbrannt, um Energie zu erzeugen und das Auto anzutreiben. Ohne diese Lösung wäre es nicht möglich, mit dem Auto zu fahren.

Ein weiteres Beispiel ist Farbe. Farbe besteht aus einer Lösung von Pigmenten in einem Lösungsmittel. Wenn wir Farbe auf eine Oberfläche auftragen, verdunstet das Lösungsmittel und die Pigmente bleiben zurück. Dadurch entsteht eine dauerhafte Farbschicht. Farbe ermöglicht es uns, unsere Umgebung bunt und lebendig zu gestalten.

DIE BEDEUTUNG VON LÖSUNGEN UND GEMISCHEN IN DER MEDIZIN

Lösungen und Gemische spielen auch eine wichtige Rolle in der Medizin. Ein Beispiel dafür ist eine Infusionslösung. Eine Infusionslösung ist eine spezielle Lösung, die in den Körper eingeführt wird, um Flüssigkeiten und Medikamente zu verabreichen. Diese Lösungen ermöglichen es dem Körper, wichtige Nährstoffe aufzunehmen und Medikamente zu erhalten, die zur Behandlung von Krankheiten benötigt werden.

Ein weiteres Beispiel ist Hustensaft. Hustensaft ist eine Lösung aus verschiedenen Substanzen, die dazu dient, den Husten zu lindern. Die Lösung enthält Inhaltsstoffe, die den Hustenreiz unterdrücken und die gereizte Schleimhaut beruhigen. Durch die Einnahme des Hustensafts können wir den Husten effektiv behandeln und uns besser fühlen.

ZUSAMMENFASSUNG

Lösungen und Gemische sind in unserem Alltag allgegenwärtig und haben eine große Bedeutung. Sie ermöglichen es uns, bestimmte Aufgaben zu erfüllen, Produkte herzustellen und unsere Gesundheit zu verbessern. Indem wir die Bedeutung von Lösungen und Gemischen verstehen, können wir die Welt um uns herum besser verstehen und schätzen.

In den nächsten Kapiteln werden wir uns mit der organischen Chemie befassen und die Bedeutung organischer Verbindungen in der Natur und Technik erkunden.

DIE ORGANISCHE CHEMIE

WAS IST ORGANISCHE CHEMIE?

Die organische Chemie ist ein Teilgebiet der Chemie, das sich mit den Eigenschaften, Strukturen, Zusammensetzungen, Reaktionen und Synthesen von organischen Verbindungen befasst. Aber was sind organische Verbindungen überhaupt?

Organische Verbindungen sind chemische Verbindungen, die Kohlenstoffatome enthalten. Kohlenstoff ist ein einzigartiges Element, das die Grundlage für das Leben auf der Erde bildet. Es ist in der Lage, lange Ketten zu bilden und sich mit anderen Elementen zu verbinden, um eine Vielzahl von Verbindungen zu bilden.

Die organische Chemie untersucht diese Verbindungen und ihre Eigenschaften. Sie erforscht, wie sie hergestellt werden können, wie sie sich verhalten und wie sie in der Natur vorkommen. Die organische Chemie ist von großer Bedeutung, da sie uns hilft, die Welt um uns herum besser zu verstehen.

DIE VIELFALT ORGANISCHER VERBINDUNGEN

Organische Verbindungen sind äußerst vielfältig und kommen in vielen verschiedenen Formen vor. Sie können in Form von Gasen, Flüssigkeiten oder Feststoffen auftreten. Einige organische Verbindungen sind farblos und geruchlos, während andere eine auffällige Farbe oder einen starken Geruch haben können.

Einige Beispiele für organische Verbindungen sind Kohlenhydrate, Fette, Proteine, Vitamine und Hormone. Diese Verbindungen sind für das Leben unerlässlich und spielen eine wichtige Rolle in unserem Körper. Sie sind an vielen biologischen Prozessen beteiligt und ermöglichen es uns, zu wachsen, Energie zu gewinnen und gesund zu bleiben.

DIE STRUKTUR ORGANISCHER VERBINDUNGEN

Die Struktur organischer Verbindungen ist äußerst vielfältig und komplex. Kohlenstoffatome können sich miteinander verbinden und lange Ketten bilden. Diese Ketten können gerade oder verzweigt sein und können auch Ringe bilden. Die Art und Weise, wie die Kohlenstoffatome miteinander verbunden sind, bestimmt die Eigenschaften und das Verhalten der organischen Verbindung.

Neben Kohlenstoff enthalten organische Verbindungen auch andere Elemente wie Wasserstoff, Sauerstoff, Stickstoff und viele andere. Diese Elemente können sich mit den Kohlenstoffatomen verbinden und die Eigenschaften der Verbindung weiter beeinflussen.

DIE REAKTIONEN ORGANISCHER VERBINDUNGEN

Organische Verbindungen können an chemischen Reaktionen beteiligt sein. Diese Reaktionen können dazu führen, dass neue Verbindungen gebildet werden oder dass bestehende Verbindungen verändert werden. Die organische Chemie untersucht diese Reaktionen und versucht, sie zu verstehen und zu kontrollieren.

Ein Beispiel für eine Reaktion organischer Verbindungen ist die Verbrennung. Wenn organische Verbindungen wie Kohlenhydrate oder Fette verbrannt werden, reagieren sie mit Sauerstoff und setzen Energie frei. Diese Reaktion wird oft als Verbrennung bezeichnet und ist eine wichtige Energiequelle für uns.

DIE BEDEUTUNG ORGANISCHER VERBINDUNGEN IN DER NATUR UND TECHNIK

Organische Verbindungen spielen eine entscheidende Rolle in der Natur und Technik. In der Natur sind sie an vielen biologischen Prozessen beteiligt und ermöglichen das Leben auf der Erde. Sie sind auch in vielen natürlichen Produkten enthalten, wie zum Beispiel in Pflanzen, Tieren und Mikroorganismen.

In der Technik werden organische Verbindungen für eine Vielzahl von Anwendungen verwendet. Sie werden in der Herstellung von Kunststoffen, Medikamenten, Farbstoffen, Lösungsmitteln und vielen anderen Produkten eingesetzt. Die organische Chemie ist daher von großer Bedeutung für die Entwicklung neuer Materialien und Technologien.

Die organische Chemie ist ein faszinierendes Gebiet, das uns hilft, die Welt um uns herum besser zu verstehen. Sie ermöglicht es uns, neue Materialien zu entwickeln, Krankheiten zu bekämpfen und die Umwelt zu schützen. In den nächsten Abschnitten werden wir uns genauer mit den Kohlenstoffverbindungen, den Eigenschaften organischer Verbindungen und ihrer Bedeutung in der Natur und Technik befassen.

DIE KOHLENSTOFFVERBINDUNGEN

Kohlenstoff ist ein einzigartiges Element, das die Fähigkeit hat, sich mit anderen Atomen zu verbinden und komplexe Moleküle zu bilden. Diese Verbindungen werden Kohlenstoffverbindungen genannt und sind die Bausteine für viele Dinge, die wir in unserem Alltag verwenden. Kohlenstoffverbindungen können in drei Hauptkategorien eingeteilt werden: gesättigte Kohlenwasserstoffe, ungesättigte Kohlenwasserstoffe und funktionelle Gruppen.

GESÄTTIGTE KOHLENWASSERSTOFFE

Gesättigte Kohlenwasserstoffe sind Verbindungen, die nur aus Kohlenstoff- und Wasserstoffatomen bestehen und nur Einfachbindungen enthalten. Ein bekanntes Beispiel für eine gesättigte Kohlenwasserstoffverbindung ist Methan, das in Erdgas vorkommt. Gesättigte Kohlenwasserstoffe sind in der Regel bei Raumtemperatur gasförmig oder flüssig und haben keinen Geruch.

UNGESÄTTIGTE KOHLENWASSERSTOFFE

Ungesättigte Kohlenwasserstoffe enthalten Doppel- oder Dreifachbindungen zwischen den Kohlenstoffatomen. Diese Verbindungen sind in der Regel bei Raumtemperatur flüssig oder fest und haben oft einen charakteristischen Geruch. Ein Beispiel für eine ungesättigte Kohlenwasserstoffverbindung ist Ethylen, das in vielen Obstsorten vorkommt und für ihre Reifung verantwortlich ist.

FUNKTIONELLE GRUPPEN

Funktionelle Gruppen sind spezielle Gruppen von Atomen, die an den Kohlenstoffgerüsten von Verbindungen gebunden sind und bestimmte chemische Eigenschaften verleihen. Es gibt viele verschiedene Arten von funktionellen Gruppen, wie zum Beispiel Alkohole, Aldehyde, Ketone und Säuren. Diese Verbindungen spielen eine wichtige Rolle in unserem Alltag, da sie in vielen Produkten wie Medikamenten, Kunststoffen und Lebensmitteln enthalten sind.

DIE EIGENSCHAFTEN ORGANISCHER VERBINDUNGEN

Organische Verbindungen sind eine faszinierende Gruppe von chemischen Verbindungen, die in der Natur weit verbreitet sind und auch in der Technik eine große Rolle spielen. In diesem Abschnitt werden wir uns mit den Eigenschaften organischer

Verbindungen befassen und ihre Bedeutung in der Natur und Technik untersuchen.

DIE STRUKTUR ORGANISCHER VERBINDUNGEN

Organische Verbindungen bestehen hauptsächlich aus Kohlenstoff- und Wasserstoffatomen, können aber auch andere Elemente wie Sauerstoff, Stickstoff und Schwefel enthalten. Die Kohlenstoffatome bilden eine Art Gerüst, an dem die anderen Atome angehängt sind. Diese Struktur ermöglicht es organischen Verbindungen, eine Vielzahl von Formen und Eigenschaften zu haben.

DIE PHYSIKALISCHEN EIGENSCHAFTEN ORGANISCHER VERBINDUNGEN

Organische Verbindungen haben eine breite Palette von physikalischen Eigenschaften. Einige sind flüssig, wie zum Beispiel Alkohole und Öle, während andere fest sind, wie zum Beispiel Zucker und Kunststoffe. Einige organische Verbindungen haben auch einen charakteristischen Geruch, wie zum Beispiel Vanillin, das nach Vanille riecht. Die physikalischen Eigenschaften organischer Verbindungen hängen von ihrer chemischen Struktur ab.

DIE CHEMISCHEN EIGENSCHAFTEN ORGANISCHER VERBINDUNGEN

Organische Verbindungen haben auch eine Vielzahl von chemischen Eigenschaften. Sie können leicht mit anderen Verbindungen reagieren und neue Verbindungen bilden. Diese Reaktionen werden oft durch Wärme, Licht oder Katalysatoren ausgelöst. Ein Beispiel für eine chemische Reaktion mit organischen Verbindungen ist die Verbrennung, bei der sie mit Sauerstoff reagieren und Kohlendioxid und Wasser bilden.

DIE BEDEUTUNG ORGANISCHER VERBINDUNGEN IN DER NATUR

Organische Verbindungen spielen eine entscheidende Rolle in der Natur. Sie sind die Bausteine des Lebens und kommen in allen lebenden Organismen vor. Proteine, Kohlenhydrate und Fette sind alles organische Verbindungen, die für das Funktionieren von Zellen und Organismen unerlässlich sind. Organische Verbindungen sind auch in natürlichen Materialien wie Holz, Baumwolle und Leder enthalten.

DIE BEDEUTUNG ORGANISCHER VERBINDUNGEN IN DER TECHNIK

Organische Verbindungen sind auch in der Technik von großer Bedeutung. Sie werden zur Herstellung von Kunststoffen, Farbstoffen, Medikamenten und vielen anderen Produkten verwendet. Kunststoffe wie Polyethylen und PVC sind organische Verbindungen, die in einer Vielzahl von Anwendungen eingesetzt werden, von Verpackungsmaterialien bis hin zu elektronischen Bauteilen. Die Entwicklung neuer organischer Verbindungen und ihrer Anwendungen ist ein wichtiger Bereich der chemischen Forschung.

DIE SICHERHEIT IM UMGANG MIT ORGANISCHEN VERBINDUNGEN

Beim Umgang mit organischen Verbindungen ist es wichtig, auf ihre potenziellen Gefahren hinzuweisen. Einige organische Verbindungen können giftig oder entzündlich sein und müssen daher mit Vorsicht behandelt werden. Es ist wichtig, die Anweisungen auf den Etiketten von Produkten zu lesen und geeignete Schutzmaßnahmen zu ergreifen, um sicherzustellen, dass man sicher mit organischen Verbindungen umgeht.

In diesem Abschnitt haben wir die Eigenschaften organischer Verbindungen untersucht und ihre Bedeutung in der Natur und

Technik beleuchtet. Organische Verbindungen sind vielfältig und spielen eine wichtige Rolle in unserem täglichen Leben. Es ist faszinierend zu sehen, wie sie in der Natur vorkommen und wie sie in der Technik genutzt werden.

DIE BEDEUTUNG ORGANISCHER VERBINDUNGEN IN DER NATUR UND TECHNIK

Organische Verbindungen spielen eine wichtige Rolle in der Natur und Technik. Sie sind die Grundlage für viele lebenswichtige Prozesse und haben zahlreiche Anwendungen in unserem Alltag. In diesem Abschnitt werden wir uns genauer mit der Bedeutung organischer Verbindungen befassen.

ORGANISCHE VERBINDUNGEN IN DER NATUR

Organische Verbindungen sind in der Natur weit verbreitet und spielen eine entscheidende Rolle in vielen biologischen Prozessen. Ein Beispiel dafür sind die Kohlenhydrate, die als Energielieferanten dienen. Sie sind in vielen Lebensmitteln wie Obst, Gemüse und Getreide enthalten. Kohlenhydrate werden im Körper zu Glukose abgebaut, um Energie zu erzeugen.

Ein weiteres Beispiel für organische Verbindungen in der Natur sind die Proteine. Proteine sind essentiell für den Aufbau und die Funktion von Zellen, Geweben und Organen. Sie sind in Fleisch, Fisch, Milchprodukten und Hülsenfrüchten enthalten. Proteine sind auch an vielen biologischen Prozessen beteiligt, wie zum Beispiel der Transport von Sauerstoff im Blut oder der Aufbau von Muskeln.

Auch die DNA, die Trägerin der genetischen Information, besteht aus organischen Verbindungen. Die DNA ist in allen Lebewesen vorhanden und bestimmt unsere individuellen Merkmale. Sie ist verantwortlich für die Weitergabe von genetischen Informationen von einer Generation zur nächsten.

ORGANISCHE VERBINDUNGEN IN DER TECHNIK

Organische Verbindungen haben auch eine große Bedeutung in der Technik. Ein Beispiel dafür sind Kunststoffe. Kunststoffe sind synthetische organische Verbindungen, die in vielen Bereichen des täglichen Lebens verwendet werden. Sie sind leicht formbar, langlebig und vielseitig einsetzbar. Kunststoffe werden für die Herstellung von Verpackungen, Spielzeug, Möbeln, Kleidung und vielen anderen Produkten verwendet.

Ein weiteres Beispiel für die Verwendung organischer Verbindungen in der Technik sind Treibstoffe. Benzin, Diesel und Kerosin sind allesamt organische Verbindungen, die als Treibstoffe für Fahrzeuge und Flugzeuge dienen. Diese Treibstoffe werden aus Erdöl gewonnen, das eine Mischung aus verschiedenen organischen Verbindungen ist.

Organische Verbindungen werden auch in der Pharmazie eingesetzt. Viele Medikamente, wie zum Beispiel Schmerzmittel, Antibiotika und Antidepressiva, bestehen aus organischen Verbindungen. Diese Verbindungen werden gezielt entwickelt, um bestimmte Krankheiten zu behandeln oder Symptome zu lindern.

DIE BEDEUTUNG ORGANISCHER VERBINDUNGEN FÜR DIE UMWELT

Organische Verbindungen haben auch Auswirkungen auf die Umwelt. Einige organische Verbindungen können schädlich sein, wenn sie in die Umwelt gelangen. Ein Beispiel dafür sind Pestizide, die in der Landwirtschaft eingesetzt werden, um Schädlinge zu bekämpfen. Wenn Pestizide in die Umwelt gelangen, können sie die Gesundheit von Pflanzen, Tieren und Menschen beeinträchtigen.

Ein weiteres Beispiel sind bestimmte organische Verbindungen, die als Schadstoffe in der Luft vorkommen. Diese Verbindungen können zur Luftverschmutzung beitragen und negative Auswirkungen auf die Gesundheit haben. Deshalb ist es wichtig, den Einsatz und die Freisetzung schädlicher organischer Verbindungen zu kontrollieren und umweltfreundlichere Alternativen zu entwickeln.

FAZIT

Organische Verbindungen sind in der Natur und Technik von großer Bedeutung. Sie sind die Grundlage für viele biologische Prozesse und haben zahlreiche Anwendungen in unserem Alltag. Obwohl organische Verbindungen viele Vorteile bieten, ist es wichtig, ihre Auswirkungen auf die Umwelt im Auge zu behalten und nachhaltige Lösungen zu finden. Die Chemie spielt eine entscheidende Rolle bei der Erforschung und Entwicklung neuer organischer Verbindungen, die sicher und umweltfreundlich sind.

DIE CHEMIE IM ALLTAG

DIE CHEMIE IN DER KÜCHE

Die Küche ist ein Ort, an dem wir jeden Tag mit Chemie in Berührung kommen. Viele unserer alltäglichen Aktivitäten in der Küche basieren auf chemischen Prozessen. In diesem Abschnitt werden wir uns genauer mit der Chemie in der Küche befassen und verstehen, wie sie unser Kochen und unsere Lebensmittel beeinflusst.

DIE CHEMIE DES KOCHENS

Beim Kochen werden verschiedene chemische Reaktionen genutzt, um unsere Lebensmittel zu verändern und ihnen Geschmack, Textur und Farbe zu verleihen. Eine der wichtigsten chemischen Reaktionen beim Kochen ist die sogenannte Maillard-Reaktion. Diese Reaktion tritt auf, wenn Lebensmittel wie Fleisch, Brot oder Kekse erhitzt werden. Dabei entstehen neue Verbindungen, die für den köstlichen Geschmack und das Aroma verantwortlich sind.

Ein weiterer wichtiger chemischer Prozess in der Küche ist die Fermentation. Bei der Fermentation werden Mikroorganismen wie Hefen oder Bakterien verwendet, um Lebensmittel wie Joghurt, Sauerkraut oder Bier herzustellen. Während der Fermentation wandeln diese Mikroorganismen Zucker in Alkohol oder Säure um, was den Lebensmitteln ihren einzigartigen Geschmack verleiht.

DIE CHEMIE DER LEBENSMITTEL

Lebensmittel bestehen aus verschiedenen chemischen Verbindungen wie Kohlenhydraten, Proteinen, Fetten, Vitaminen und Mineralstoffen. Jedes dieser Moleküle hat eine spezifische

Struktur und Funktion, die unsere Gesundheit und unser Wohlbefinden beeinflussen.

Ein Beispiel für die chemische Zusammensetzung von Lebensmitteln sind Kohlenhydrate. Diese bestehen aus Zuckermolekülen, die miteinander verbunden sind. Je nach Art der Verbindung können Kohlenhydrate süß oder stärkehaltig sein. Zucker ist eine einfache Form von Kohlenhydraten, während Stärke eine komplexe Form ist. Diese Unterschiede beeinflussen den Geschmack und die Textur von Lebensmitteln.

Proteine sind eine weitere wichtige Komponente unserer Ernährung. Sie bestehen aus Aminosäuren, die miteinander verbunden sind. Proteine sind für den Aufbau und die Reparatur von Gewebe in unserem Körper verantwortlich. Beim Kochen können Proteine denaturieren, was bedeutet, dass sich ihre Struktur verändert und sie ihre Funktion verlieren. Dies kann dazu führen, dass Lebensmittel ihre Textur verändern, wie zum Beispiel das Stocken von Eiern beim Kochen.

DIE CHEMIE DER LEBENSMITTELZUBEREITUNG

Bei der Zubereitung von Lebensmitteln werden verschiedene chemische Prozesse genutzt, um die gewünschten Ergebnisse zu erzielen. Ein Beispiel dafür ist das Backen. Beim Backen werden Zutaten wie Mehl, Zucker, Eier und Backpulver miteinander vermischt. Durch die Zugabe von Hitze findet eine chemische Reaktion statt, bei der Kohlendioxidgas freigesetzt wird. Dieses Gas sorgt dafür, dass der Teig aufgeht und das Gebäck luftig und locker wird.

Ein weiteres Beispiel ist das Marinieren von Fleisch. Durch das Einlegen von Fleisch in eine Marinade aus Öl, Essig, Gewürzen und Kräutern können die Aromen in das Fleisch eindringen und es zarter machen. Dies geschieht durch chemische Reaktionen zwischen den Inhaltsstoffen der Marinade und den Proteinen im Fleisch.

DIE CHEMIE DER KONSERVIERUNG

In der Küche verwenden wir verschiedene Methoden, um Lebensmittel länger haltbar zu machen. Eine dieser Methoden ist das Einmachen oder Einlegen von Lebensmitteln in Essig oder Salzlake. Diese Konservierungsmethoden wirken durch die Schaffung einer sauren oder salzigen Umgebung, in der Mikroorganismen nicht überleben können.

Eine andere Methode ist das Einfrieren von Lebensmitteln. Durch das Einfrieren werden die chemischen Reaktionen in den Lebensmitteln verlangsamt, was dazu führt, dass sie länger haltbar bleiben. Beim Auftauen können jedoch einige Veränderungen auftreten, da sich die Struktur der Lebensmittel durch das Einfrieren und Auftauen verändert.

DIE CHEMIE DER GESCHMACKSVERSTÄRKER

In der Küche verwenden wir oft Geschmacksverstärker wie Salz, Zucker und Gewürze, um den Geschmack unserer Speisen zu verbessern. Diese Substanzen wirken auf unsere Geschmacksknospen und lösen chemische Reaktionen aus, die uns bestimmte Geschmacksempfindungen vermitteln.

Salz zum Beispiel verstärkt den salzigen Geschmack von Lebensmitteln, indem es die Rezeptoren auf unserer Zunge stimuliert. Zucker hingegen verstärkt den süßen Geschmack und kann auch die Textur von Lebensmitteln verbessern. Gewürze wie Pfeffer oder Chili enthalten Verbindungen, die auf unsere Geschmacksknospen wirken und den Geschmack von Speisen intensivieren können.

Die Chemie in der Küche ist also allgegenwärtig und beeinflusst viele Aspekte unserer Lebensmittel und deren Zubereitung. Indem wir die chemischen Prozesse und Reaktionen verstehen, können wir besser nachvollziehen, warum bestimmte Dinge in der Küche passieren und wie wir sie beeinflussen können, um köstliche Mahlzeiten zuzubereiten.

DIE CHEMIE IM HAUSHALT

Chemie ist nicht nur in Laboren oder in der Schule wichtig, sondern auch in unserem Alltag. In diesem Kapitel werden wir uns damit beschäftigen, wie Chemie im Haushalt eine Rolle spielt. Viele der Produkte, die wir täglich verwenden, enthalten chemische Substanzen, die uns helfen, unser Zuhause sauber zu halten und unseren Alltag zu erleichtern.

REINIGUNGSMITTEL

Reinigungsmittel sind ein wichtiger Bestandteil unseres Haushalts. Sie helfen uns dabei, unsere Kleidung, Geschirr und Oberflächen sauber zu halten. Doch wie funktionieren diese Reinigungsmittel eigentlich?

Die meisten Reinigungsmittel enthalten chemische Verbindungen, die Fett und Schmutz lösen können. Zum Beispiel enthalten viele Waschmittel Enzyme, die Flecken auf unserer Kleidung abbauen können. Diese Enzyme sind Proteine, die chemische Reaktionen in Gang setzen und so den Schmutz entfernen.

Auch in Spülmitteln finden wir chemische Verbindungen, die Fett und Öl lösen können. Diese Verbindungen werden als Tenside bezeichnet und haben eine fettlösende Wirkung. Sie helfen uns dabei, unser Geschirr gründlich zu reinigen.

HAUSHALTSGERÄTE

In unserem Haushalt verwenden wir viele elektrische Geräte, die ebenfalls auf chemischen Prinzipien basieren. Ein gutes Beispiel dafür ist der Kühlschrank. Im Inneren des Kühlschranks befindet sich ein Kältemittel, das bei niedrigen Temperaturen verdampft und dabei Wärme aufnimmt. Dadurch wird der Innenraum des Kühlschranks gekühlt. Dieser Prozess basiert auf chemischen Reaktionen und ermöglicht es uns, unsere Lebensmittel frisch zu halten.

Ein weiteres Beispiel sind Batterien. Batterien enthalten chemische Substanzen, die eine chemische Reaktion erzeugen und so elektrische Energie erzeugen können. Diese Energie wird dann genutzt, um elektrische Geräte wie Taschenlampen oder Fernbedienungen zu betreiben.

KOSMETIKPRODUKTE

Auch in Kosmetikprodukten finden wir chemische Substanzen. Zum Beispiel enthalten viele Shampoos und Seifen Tenside, die helfen, Schmutz und Fett aus unseren Haaren und unserer Haut zu entfernen. Diese Tenside haben eine ähnliche fettlösende Wirkung wie die in Reinigungsmitteln.

Ein weiteres Beispiel sind Deodorants. Deodorants enthalten chemische Verbindungen, die unangenehme Gerüche neutralisieren können. Diese Verbindungen reagieren mit den Geruchsmolekülen und verändern ihre chemische Struktur, sodass sie keinen unangenehmen Geruch mehr abgeben.

LEBENSMITTELZUBEREITUNG

Auch beim Kochen und Backen verwenden wir chemische Prinzipien. Zum Beispiel findet eine chemische Reaktion statt, wenn wir Teig zubereiten und ihn im Ofen backen. Durch die

Zugabe von Backpulver oder Hefe entstehen Bläschen im Teig, die den Teig auflockern und für ein luftiges Ergebnis sorgen. Diese Bläschen entstehen durch die Freisetzung von Gasen während der chemischen Reaktion.

Auch beim Gärungsprozess von Brot oder bei der Fermentation von Joghurt spielen chemische Reaktionen eine wichtige Rolle. Durch die Zugabe von Hefe oder Bakterien werden Zucker in Alkohol oder Säure umgewandelt, was den Geschmack und die Konsistenz der Lebensmittel verändert.

FAZIT

Chemie ist also nicht nur etwas Abstraktes, das in Laboren erforscht wird. Chemie ist überall um uns herum, auch in unserem Haushalt. Die chemischen Prinzipien, die wir in diesem Kapitel betrachtet haben, helfen uns dabei, unseren Alltag zu erleichtern und unser Zuhause sauber und ordentlich zu halten. Es ist faszinierend zu sehen, wie Chemie in so vielen Bereichen unseres Lebens eine Rolle spielt.

In den nächsten Kapiteln werden wir uns noch genauer mit der Chemie in der Natur, der Medizin, der Technik und der Bedeutung der Chemie für unsere Zukunft beschäftigen.

DIE CHEMIE IN DER NATUR

Die Chemie ist nicht nur in Laboren und Fabriken präsent, sondern auch in der Natur. In diesem Abschnitt werden wir uns mit der Chemie in der Natur beschäftigen und entdecken, wie chemische Prozesse in der Umwelt ablaufen.

DER KREISLAUF DES WASSERS

Ein wichtiger chemischer Prozess in der Natur ist der Kreislauf des Wassers. Wasser ist eine Verbindung aus den Elementen Wasserstoff und Sauerstoff. Durch die Sonneneinstrahlung verdunstet Wasser aus Seen, Flüssen und Ozeanen und steigt als Wasserdampf in die Atmosphäre auf. Dort kühlt es ab und kondensiert zu Wolken. Wenn die Wolken gesättigt sind, fällt der Wasserdampf als Regen, Schnee oder Hagel zurück auf die Erde. Dieser Niederschlag versorgt Pflanzen, Tiere und Menschen mit Wasser und ermöglicht das Leben auf unserem Planeten. Der Kreislauf des Wassers ist ein Beispiel für eine chemische Reaktion in der Natur.

DIE PHOTOSYNTHESE

Ein weiterer wichtiger chemischer Prozess in der Natur ist die Photosynthese. Pflanzen nutzen die Energie der Sonne, um aus Kohlendioxid und Wasser Glucose herzustellen. Dieser Prozess findet in den Blättern der Pflanzen statt und wird durch das grüne Pigment Chlorophyll ermöglicht. Die Photosynthese ist entscheidend für das Überleben von Pflanzen und anderen Lebewesen, da sie Sauerstoff produziert und die Grundlage für die Nahrungskette bildet.

DIE VERDAUUNG

Auch in unserem eigenen Körper finden chemische Prozesse statt. Ein Beispiel dafür ist die Verdauung. Wenn wir Nahrung zu uns nehmen, wird sie im Magen und im Darm durch verschiedene chemische Reaktionen abgebaut. Enzyme spielen dabei eine wichtige Rolle, da sie die Nahrung in kleinere Moleküle zerlegen, die vom Körper aufgenommen werden können. Die Verdauung ist ein komplexer Prozess, der es uns ermöglicht, die Nährstoffe aus der Nahrung aufzunehmen und Energie zu gewinnen.

DIE FERMENTATION

Ein weiterer interessanter chemischer Prozess in der Natur ist die Fermentation. Dabei handelt es sich um einen Stoffwechselprozess, bei dem Mikroorganismen wie Hefen oder Bakterien Zucker in Alkohol oder Säure umwandeln. Dieser Prozess wird zum Beispiel bei der Herstellung von Brot, Bier und Joghurt genutzt. Die Fermentation ist auch in der Natur weit verbreitet, zum Beispiel bei der Gärung von Früchten zu Alkohol oder bei der Bildung von Sauerkraut.

DIE CHEMIE DER FARBEN

Die Natur ist voller wunderschöner Farben, und viele davon sind das Ergebnis chemischer Prozesse. Zum Beispiel entstehen die bunten Farben von Blumen durch Pigmente, die in den Blütenblättern enthalten sind. Diese Pigmente absorbieren bestimmte Wellenlängen des Lichts und reflektieren andere, was zu den verschiedenen Farben führt. Auch die Veränderung der Blattfarbe im Herbst ist auf chemische Prozesse zurückzuführen. Wenn die Tage kürzer werden, produzieren die Bäume weniger Chlorophyll, was dazu führt, dass andere Pigmente wie Carotinoide und Anthocyane sichtbar werden.

Die Chemie in der Natur ist faszinierend und spielt eine wichtige Rolle in unserem täglichen Leben. Indem wir die chemischen Prozesse in der Natur verstehen, können wir die Welt um uns herum besser begreifen und schätzen.